常见庭院花木修剪全图解

[日] 川原田邦彦　监修
[日] 矶村仁穗　插图
巫建新　蒋泽平　译
邱国金　主审

机械工业出版社

CHINA MACHINE PRESS

译者序

　　由日本园艺专家川原田邦彦先生著、矶村仁穗先生绘制插图的《常见庭院花木修剪全图解》一书，采用精美的插图，按分类解说、要点说明的方式，对庭院内近百种观赏花木适用的修剪方法进行了介绍，对广大园林园艺工作者和庭院花木爱好者来说是一本值得参考学习的书籍，也可供专业教学人员、科研工作者及相关专业的学生阅读。

　　观赏花木的观赏价值是多方面的，冠形整齐或怪异、枝干雄伟或秀丽、枝叶鲜艳或多彩、花朵色彩丰富而馥郁、果实诱人而挂果长久，千姿百态，可观其枝叶、赏其花果。随着中国经济的发展和人民生活水平的提高，在别墅住宅中种植观赏花木逐步成为时尚和主流，这些花木的选择、配置、栽植、修剪是一个重要的技术环节，而非专业人士缺乏相关的知识，景观效果往往不理想。

　　本人是江苏农林职业技术学院风景园林学院的教师，从机械工业出版社得到本书后，就对书中的内容产生了很大的兴趣，邀请江苏省林业科学研究院蒋泽平研究员合作翻译，并请江苏农林职业学院邱国金教授主审，以期能保证翻译的严谨性。希望本书的出版，可以飨中国读者。

　　在本书翻译过程中，江苏农林职业技术学院林业技术教研室的相关老师给予了大力的支持和帮助，在此表示感谢！由于时间关系，译文中一定还有许多不当之处，敬请读者提出宝贵的意见和建议。

江苏农林职业技术学院　巫建新

2022年2月

目　录

第1章　庭院树木及其修剪的基础知识　⑦

观花的树木

观果的树木

本书的使用方法

树木名
书中树木名称后括号内标注的树木品种，可以和前面的树木采取同样的修剪方法。

季节的图标
表示适宜的修剪时期，有春修剪、夏修剪、冬修剪及全年修剪，各个时期的修剪均在插图上有所标记。有的在一个插图上同时有1~3个季节的图标，修剪时只要按季节修剪1次就可以了。

修剪的图解
按季节用图解的方式介绍修剪方法，图解中需要修剪的枝条用粉红色标记。为了使图解中应该修剪的部分更容易理解，图中的枝、叶等，比树木实际生长的略有减少。

修剪方法的说明
按照图解的方式对修剪方法及修剪要点进行了介绍。要根据树木的长势，按照编号进行修剪，但是，编号不代表修剪的顺序，说明的内容也不一定要完全照搬。

基本资料
记载了树木的基本数据。

科属：按生物学分类，标注科名和属名。

类型：按树木性质分类，分成常绿阔叶类树种、落叶阔叶类树种和常绿针叶类树种。

树形：按树木的整体外形，分为株直立型、干直立型和攀缘型（缠绕型）等。

树高：成年树木的高度。

修剪月历表

修剪　表示适宜的修剪时期。

花芽　表示花芽分化的时期。所谓花芽分化是指新芽分化成花芽。

开花　表示花盛开可供欣赏的时期。

结果　表示果实可供欣赏的时期。

果实　表示果实可以收获的时期。

疏果　表示摘除部分果实的适宜时期。

红叶　表示红叶最佳的观赏时期。

修剪要点
介绍修剪时应该了解的知识和注意的事项。

花芽分化
花芽分化因树木品种不同而有差异，在此介绍花芽分化的时期和位置。图中也有介绍各种树木实际花芽分化的例子。

修剪完成后的图
作为修剪后理想树木形态的图。分枝、树高、花果、种子的发育等因树体的个体差异而有所不同，自然生长的树形和人工培育的树形也有差异，在此只是用一个例子进行了解说。

第 **1** 章
庭院树木及其修剪的基础知识

本部分主要总结了庭院树木修剪前应该了解的基础知识，如庭院中的树木和自然生长的树木的差异，树木的种类、生长周期、病虫害防治等。

另外，对修剪中容易出现的一些问题、常用的修剪方法、修剪的工具等方面的知识也进行了介绍，修剪前应先了解这些基本知识。

庭院树木是指什么

庭院树木是具有实用性和观赏性的树木

庭院树木是指种植在庭院环境中，并在这种环境下生长的树木。它们和花坛中的花草不一样，除了观赏叶形、叶色、花色之外，还有一定的实用性。

例如，种植在道路及房屋周围的树木，可以起到遮挡视线的作用；树木横向生长的树冠，可以起到遮阳的作用。

当然，观赏性和实用性是人们热衷于庭院树木的主要原因。除了欣赏花的姿态、品味花的香味、收获树木的果实外，观察叶子在一年四季中的变化、枝条的伸长等，可以使人们产生对大自然的热爱。

根据你的要求和树木发挥的作用不同，庭院树木的修剪方法也不一样。在拿起修枝剪之前，一定要考虑好修剪的"目的"是什么。

庭院树木的作用

根据庭院树木发挥的作用，选择适合的树木种类和管理方法。

遮阳

夏季阳光照射强及西晒的场所，选择遮阳树种。如用 3 米高的乔木，树冠郁闭后，可以在透光的树下乘凉。

自然树形，目标是要修剪成树冠透光的庭院树木。

适合的树木
多花梾木、野茉莉、金合欢、四照花、紫藤类等。

遮挡

最近，与需要进行修剪的绿篱围挡相比，人们更喜欢用自然树形的乔木进行遮挡。在庭院中种植 1~2 株 1.5~3 米的小乔木就可以了。

如果是自然树形，要间枝、疏枝修剪，不要让人在树下产生压迫感。

适合的树木
小叶青冈、白蜡、油橄榄、斐济果、冬青等。

防风

过去常用的绿篱，不仅有遮挡作用，也具有防风和防噪声的功能。丛生繁茂的小乔木也能起到防风和隔噪声的作用。

绿篱要进行定期的修剪，使枝条达到紧密的状态。

适合的树木
金桂、吊钟花、山茶、檵木、光叶石楠等。

消除疲劳

和植物相伴能起到一种赏心悦目、消除疲劳的效果。除了赏花之外，落叶树木随季节的变化会出现不同的景观效果，收获种子或果实的时候，使人感到无比的喜悦，可以消除精神疲劳。

如果需要柔软的树形，可以保留新梢进行修剪；如果想赏花观果，可以保留花芽进行修剪。

适合的树木
枫树、枹栎、梅花、山桃、樱花、紫薇等。

庭院树木的观赏形式

对庭院树木的欣赏角度，因各人观点的不同而不同。庭院树木栽植的时候、修剪的时候，要搞清楚它的观赏点在哪里，也就是说要有明确的目的。

闻香味

在花木中，如金桂、瑞香、栀子花、蜡梅等开花时散发出浓烈的芳香气味，使人感觉到心旷神怡。如果种植此类花木，到了开花的季节人们会闻香而来。

修剪要点

◆ 要了解花芽分化的时期。

◆ 在形成花芽的枝条上修剪时，一定要保留花芽。

观花

枝头开满花的树木，不仅庭院的主人，近邻及路过的人都能欣赏到花的美丽，很多人都将此作为庭院中的象征树。要保持每年花能准时、健壮、旺盛地盛开，整形修剪是必不可少的。

修剪要点

◆ 要了解花芽分化的时期。

◆ 在形成花芽的枝条上修剪时，一定要保留花芽。

观树形

通过修剪可以达到供观赏的树形，但是，最近修剪成自然树形成为一种主流。维持一种紧密的自然树形，每一根枝条都是一个观赏点，特别是落叶树种，随着季节的变换而陆续呈现出不同的姿态，可供人们观赏。

修剪要点

◆ 不管是平剪，还是采用自然树形修剪，一定要用和庭院的氛围相适应的修剪方式。

◆ 采取紧凑型的修剪方式，便于日后的管理。

观果实

有两种类型的观果树木，如南天竹、紫珠等植物的种子（果实）可供人们观赏，柿子树、柑橘树等植物的果实可以让人产生收获的快乐感。但是有些果树从幼苗到结果需要多年的时间，因此要有长期管理的心理准备。

修剪要点

◆ 在幼苗生长的 1~3 年内，主干枝和强壮枝要剪除 1/3，整理出树形。

◆ 能结果时要注意保留好花芽。

庭院树木和自然树木的差异

自然生长的树木是指在适合其生长的环境中长成的树木，以树高在 2~3 米的中型树木为主，环境不同，有时会长成 4~5 米高。在其生长过程中经过自然整枝，保留下来的枝条能茁壮生长。

但是庭院树木是按照限定的空间和规格种植的树木，若长得太高大，将难以管理。虽有部分枝条会自然整枝，但更多的是需要进行人工修剪，以控制适宜的大小。庭院树木经过人工整形修剪，可以保持像自然树形一样美丽的景观。

为什么要修剪

修剪的 5 个目的

根据庭院树木发挥的作用，选择适合的树木种类和管理方法。

1

保持庭院树木的功能

庭院树木具有遮蔽、防晒、挡风、观赏等功能。如果是以观赏和收获果实为目的，要保证能开花结果，并要保持美丽的树形，必须进行整形修剪，才能发挥这些功能。

任其生长的木香蔷薇，对其徒长枝要进行修剪。因为徒长枝多会影响养分供求平衡，对花芽分化和开花产生影响。

2

促进其开花结果

树木即使不修剪也能长成大树并开花结果，但是在小小的庭院，任其生长，会影响庭院的整体景观效果，为了保持树形完美并能观花、观果，就要进行修剪作业。另外，如果任其生长还会产生枝条混杂、遮挡光线、影响花芽分化等问题。

枝条杂乱丛生的山茶，为了保持树高和树形，需要对短枝和枯枝进行修剪，使新长出的枝芽充实饱满。

通过修剪保持整个庭院景观效果的均衡性

庭院树木为什么要进行修剪呢？这是因为树木是每天都在生长的一种有生命的植物，开始种植的时候还是一株幼苗，如果多年不修剪会长成高大乔木，树冠也向四周扩张，使人们心理上产生一种强烈的压迫感，而且树木长成大乔木后会影响庭院内其他植物的生长，破坏了庭院整体景观效果的均衡性。

另外，丛生的杂乱枝条影响了树体内的通风和采光，树体内的枝叶会渐渐枯死脱落。特别是有很多叶子的针叶树种，如果叶子枯死后再进行修剪，新叶就不能再生长出来，树体内部就形成"空洞"现象，所以每年都至少进行一次修剪。

任其生长的树木，枝条会向不同的方向延伸，杂乱丛生。通过修剪使枝条按照人们的意愿形成一个完美的树形，保持庭院呈现完美的景观效果。

3

保持庭院整体景观均衡

树木种类不同，其生长速度也不一样。如果不进行修剪，枝条会重叠，影响景观效果。通过整形修剪，可以控制树势，保持庭院整体景观效果的均衡。

4

保持树木健康状态

树木长势旺盛，枝叶量增大，树体内部的通风、透光性差，会产生内部枝叶枯死、病虫害发生等情况，所以应定期进行修剪，保持树体内通风、透光，以利于树木的健康生长。

5

树木的复壮

树木的枝条随着树龄的增加，会逐步衰老枯死，颜色也发生变化，景观效果变差。所以应对这些枯枝及时清理，以促使新枝的生长和树体的复壮。

横向丛生的绣球，如果从根基部完全修剪掉，就不会产生花芽，第2年也不会开花，所以每年适当进行修剪是最理想的修剪方式。

枝叶生长旺盛的北美香柏，为了保持通风、透光，需要进行修剪。特别是针叶树种，内部枝叶容易枯死，要留心观察。

剪除枯枝和粗枝，用新枝进行更新复壮。图中的珍珠绣线菊每年修剪1次，麻叶绣线菊和绣球数年修剪1次，要从根基部完全剪除，形成全新的植株。

任其生长的树木存在的潜在风险　　不进行整形修剪、任其生长的树木，与住所的环境的协调性、庭院内其他树木生长的均衡性等完全不相适应。在城市里任其生长的树木，枝条会延伸到相邻的庭院或遮住阳光等，给邻居造成干扰，也会破坏街道的景观。在山上自然生长的树木，即使不修剪，没有阳光照射的枝条也会自行脱落。行道树有时受到台风的影响，枯枝也会折断脱落；同样庭院中的树木，如果任其生长，枝条也有可能折断脱落，甚至伤到人。

为什么修剪会出现各种问题

严格遵守整形修剪的时期

庭院中树木的整形修剪是必须要做的一项工作，但整形修剪造成不能开花结果的情况时常发生，其主要原因是不了解树木的生长发育规律，只是按照自己的想法进行整形修剪。

观花观果的庭院树木，要了解花芽分化的时期和着生的位置，这点很重要。不考虑花芽着生的位置就进行修剪，很有可能会将花芽剪除。也就是说，要了解树木的生长发育规律，把握最适的修剪时期（参见第 16 页）。

另外，由于修剪损坏树形，以及造成枝条枯萎、树体死亡等情况时有发生，这主要是不了解树木的生长特性，采用不正确的修剪方式所造成的。了解树木的生长特性、树体内部的生长发育规律等，是减少问题出现的主要途径。

修剪出现问题的案例

由于修剪而导致的问题是多样的，一般有哪些呢？应采取什么样的措施呢？

问题 1 不开花

原因 在花芽分化时期剪除了分化花芽的枝条是主要原因。

解决方法

了解花芽着生的位置和花芽分化的时期。在没有花芽分化的时期修剪、在不影响花芽分化的部位修剪等，掌握这些要点就能防止问题的发生。花芽产生的位置和花芽分化的时期因树木种类不同而不一样。

问题 2 叶枯萎

原因 不进行修剪的针叶树经常会出现此类问题。因为针叶树喜光性强，照不到阳光的部位常会发生叶枯萎现象。

解决方法

多数针叶树都会出现叶枯萎情况，所以应从硬枝基部进行平剪，不让其长出新芽，即进行透光修剪（参见第 26 页），这样树冠中有充足的阳光透入，可以有效地预防叶枯萎的发生。

长穗蜡瓣花（土佐水木）在 11 月～第 2 年 2 月是适宜的修剪时期。由于知道在枝条的下部着生花芽，所以可以放心地把枝条前端的部分剪除。

针叶树种一年中都可以进行修剪，如果感觉枝叶过密，可以随时进行。

问题 3 不结果

原因 如果在开花到结果这一时期进行修剪，即使能开花也不能结出果实。另外，有些果树品种从种植开始到开花结果需要多年的时间。

解决方法

在了解果树生长发育规律的基础上，从幼树开始通过修剪向成熟能结果的方向发展，方法是新生枝条要修剪掉1/3。

问题 4 枝枯萎

原因 如果不从枝条基部修剪而是从枝条中部开始修剪，修复切口的愈伤组织细胞就不能形成，木腐菌就会侵入细胞组织，导致枝条枯萎。

解决方法

从枝条基部修剪是最基本的修剪方法，在切口涂上愈合剂（参见第34页）能有效防止病原菌的侵入。

1~2年生的蓝莓幼树，通过修剪不让其开花结果，从第四年开始就会结出健壮的果实。

枝条修剪最基本的原则是，不要在枝条的中间进行修剪，要在和其他枝条的分枝处（即枝条基部）修剪。

问题 5 从枝条基部修剪的切口不能愈合

原因 粗枝基部有一个圆形的膨大部分，被称为"枝领"，若沿着主干直接向下修剪枝条，导致"枝领"被剪下，则会出现切口不能愈合而造成树枝枯萎的现象。

解决方法

在"枝领"上容易形成团块状组织，它有切口组织修复功能。粗枝条修剪的时候，"枝领"最好保留一部分。如果沿着枝条稍斜一点修剪，则切口较小，并且也容易修复。

问题 6 树形杂乱

原因 长时间放任生长形成的大树，要想使其通过一次修剪变矮，需要修剪大量的枝条。但大量枝条修剪后，会从切口处长出很多的丛生徒长枝，使树形变得杂乱，又因为徒长枝不易分化花芽，所以不能开花。

解决方法

每年定期修剪保持树形大小，过大的树木也不要试图通过一次修剪使其矮化，而是经过多年的修剪形成紧凑的树形。

留下膨大的部分

修剪的时候，应注意下剪的位置和角度。

嫁接的苗木要注意分蘖枝

玫瑰大多都是以野蔷薇作为砧木嫁接而成的苗木，在砧木（野蔷薇）根基部会发出新枝，如果不把这些枝条剪除，开出来的花则是野蔷薇花，而不是玫瑰花。牡丹是以芍药作为砧木，丁香花是以女贞作为砧木，如果从根基部长出的分蘖枝不剪除而任其生长，会长出不一样的花（砧木品种的花）。

树木的种类

不同树木有不同的形态和特性

树木的分类方式有多种，通常是根据叶的形状和特性进行区分。根据叶的形状主要分为阔叶树和针叶树，根据叶的特性分为落叶树、常绿树和半常绿半落叶树，落叶树的叶子在夏季能起到遮阳作用，冬季叶子脱落后便透光。常绿树的叶子可以让人享受到常年的绿色，同时也能起到遮挡的作用。除此之外还可分为喜光树和耐阴树。庭院树木的树种，要根据种植的目的和场所，有针对性地选择。

树木分类法

树木，根据其特性和形态有以下几种分类。修剪时，要根据树木的特性、在庭院的配置等灵活进行。

按叶的形状分类

 阔叶树

阔叶树是指叶面宽阔、平展的树木，常绿型的称为常绿阔叶树，落叶型的称为落叶阔叶树。常绿阔叶树耐寒性比较弱，整形修剪在发芽前的3月下旬~4月上旬进行，在树木开始活动的5月下旬~6月及9~10月也能进行；落叶阔叶树抗寒性比较强，在落叶后的12月~第2年2月（休眠期）可以整形修剪。

 **针叶树**

叶子尖端是针状的树木称为针叶树。针叶树中又分为常绿树种和落叶松之类的落叶树种，庭院树木中常见的是常绿树种。常绿树种耐寒性强，整形修剪一般在11月~第2年3月进行，但也有些树种是例外的，详细内容可见后文中各种针叶树种的修剪介绍。

按叶的特性分类

 落叶树

落叶树是指树叶的寿命在1年以内、并且有一个时期完全没有叶子的树种。庭院树木中枫树类、白桦、三叶杜鹃、长穗蜡瓣花、红山紫茎（夏椿）等是代表性的树种。在温带地区，落叶树种在冬季落叶期均处于休眠状态。

 **常绿树**

常绿树是指树叶年限在1年以上、叶子颜色常年保持绿色的树种。常绿阔叶树种1~3年换叶1次、常绿针叶树种3~5年换叶1次，所以几乎没有完全落叶的时期。常绿树耐寒性较差，其代表性的树种有部分杜鹃品种、石楠、光叶石楠、细叶冬青、交让木等。

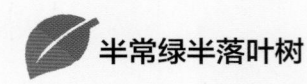 **半常绿半落叶树**

半常绿半落叶树是指原来是常绿树种，在冬季寒冷的地区演化成落叶的树木品种。其代表树种有金桂、常青白蜡、金丝梅、糯杜鹃等。相反，原来是落叶树由于种植到了温暖地区反而变成了冬季不落叶的树种，也称为半常绿半落叶树，其代表性的树种有长圆叶杜鹃、克西安娜杜鹃等。

按生育特性分类

 **喜光树**

喜光树是指喜欢光照的树种，在阳光充足的场所生长较快，在光照条件不足的地方生长缓慢。代表性的树种有樱花、松树、台湾栲木、板栗树等，也有如山茶、茶梅等相对比较耐阴的，这些树木在阳光不足的场所花芽分化不良。

 **耐阴树**

耐阴树是指不需要太多的阳光就能健壮生长的树木。只要稍微有一点阳光就能进行光合作用，所以即使在光照不足的条件下也能正常生长，可以配置在庭院中光照不足的场所。代表性的树种有桃叶珊瑚、八角金盘、樟科红楠、单刺苦槠等。

树形的种类和修剪方法

　　树木因枝条的生长方向不同而形成不同的树形，想要观赏树的自然形态可以根据其特性修剪成供人们欣赏的树形。

主干直立的卵形、球形、圆锥形

一根主干直立的树形。这种树形要按照树冠左右对称进行修剪。按能够进行管理的树高和枝条伸展幅度进行回缩和透光修剪（参见第 26 页），以形成完整的树形。

■ 代表性的树种
山茶、玉兰、多花梾木等。

株直立的自然树形（乔木）

数根主干从根茎部直立向上生长的树形。通过回缩修剪整理下部的枝条，为保证透光，树中心部也应该修剪，使之成为自然的树形。如果将老树干从基部剪除，可以用分蘖枝进行主干更新。

■ 代表性的树种
加拿大唐棣、金缕梅、蜡梅等。

主干直立的杯形和不定形

这种树形是主干在中间分成数个分枝而形成的树形。由于左右不对称，所以应按照分枝的发展方向回缩和透光修剪，生长过度的分枝要剪除，用新生的分枝替代，从而形成完整的树形。

■ 代表性的树种
枫树类、紫薇、梅花、桃花、樱花等。

株直立的自然树形（小乔木）

从根基部发出很多粗壮的枝条形成的丛状树形。以回缩修剪为主，枝条交叉时要从基部剪除老枝，进行树形的整理。

■ 代表性的树种
麻叶绣线菊、胡枝子、雪柳、连翘等。

主干直立的垂枝形

一根主干因上部枝条柔软下垂而形成的树形。这种树形给人一种瀑布一样的感觉，进行透光和回缩修剪可以形成一个完整的树形。

■ 代表性的树种
垂枝樱、垂枝桃、垂枝梅等。

缠绕形（藤木）

树木枝条本身没有直立能力，需要攀缘其他东西才能延伸生长的植物，可以用栅栏、支撑杆、棚架等进行造型。

■ 代表性的树种
紫藤、凌霄、蔷薇等。

树木一年的生育周期

一年生育周期及大致修剪时间

树木的生长活动，每年按固定的生育周期反复进行。所以按照其生育周期进行修剪，一般是能够成功完成的。

冬季
12月~第2年2月
休眠期。
落叶树叶子脱落，生长发育停止。

春季
3~5月
发芽时期。
新芽发出，新枝开始伸长。

针叶树
在新芽萌动前开始修剪

落叶树
冬季休眠期修剪

常绿阔叶树
通常是不耐寒的树种，在花凋落的初夏、气温开始上升的时候修剪

落叶树
适当修剪徒长枝

秋季
9~11月
气温适宜，新枝再次生长。

夏季
6~8月
新梢生长暂时停止，是树木增粗生长的时期。

树木按照一年四季的气候周期性生长和休眠

庭院的落叶树和常绿树，从春芽萌动开始标志着生育周期的开始，此时新叶开始展开，新枝开始伸长。

一般的树木，当年的新枝在6~7月会出现暂时停止生长，而树势较强的树木一直到秋季为止，枝叶都会继续生长。但即使枝叶停止生长，如果光照充足，其光合作用也能正常进行。这一时期是枝和干增粗的时期。到初秋新枝会再一次生长，到晚秋时，落叶树木落叶后进入休眠期，常绿树叶色变浓、生长发育停止。

修剪最基本的要点是要了解树木的生育周期，特别是花木、果树等，一定要注意花芽分化时期的修剪方式，此时的修剪不能剪除花芽，这点很重要！

在枝条上分布的芽当中，有花芽、叶芽及混合芽。产生花和果实的是花芽，如果不了解花芽着生的位置、开花的时间等而盲目修剪，是不可能观赏到花果的。

由花芽分化决定的修剪时间

根据树木品种不同，有当年开花的花芽和第2年开花的花芽，由其决定的修剪时间大致有以下6种类型。

第2年开花 顶芽型

是指在新枝的顶端产生花芽、第2年开花的类型。有在长枝顶端开花的，也有在短枝顶端开花的。开花结束后摘除花柄，秋冬修剪要剪除徒长枝并整理树形。

代表性的树种

茶梅、山茶、杜鹃（映山红）、高山杜鹃、四照花、玉兰类等。

当年开花 顶芽型

是指在当年萌发的新枝顶端分化花芽并当年开花的类型。应在11月~第2年2月进行短枝强修剪，保证植株内部有充足的阳光照射。

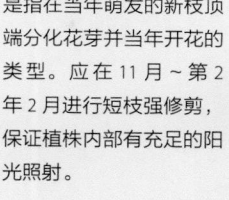

代表性的树种

紫薇、玫瑰、凌霄、夹竹桃等。

第2年开花 侧芽型

是指在新枝的侧芽产生花芽、第2年开花的类型。有短枝长满花芽、长枝不长花芽和整个长枝长满花芽两种形态。花期结束后开始修剪，在冬季留下10个芽后进行回缩修剪。

代表性的树种

梅花、桃花、蜡梅、海棠、绣球、麻叶绣线菊、连翘等。

当年开花 侧芽型

是指在当年生的新枝的侧芽分化成花芽并当年开花的类型。修剪在花凋谢后进行，5月以后不要修剪。

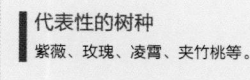

代表性的树种

金桂、紫珠等。

第2年开花 顶芽侧芽型

是指在新枝的顶芽和侧芽都分化出花芽、第2年开花的类型。有花芽形成后新枝不断生长开花和在花芽着生的位置开花两种类型。花期结束后要立即进行强修剪，冬季要进行透光修剪。

代表性的树种

牡丹、绣球、长穗蜡瓣花、红山紫茎等。

当年开花 顶芽侧芽型

是指在当年萌发的新枝的顶芽和侧芽分化形成花芽并当年开花的类型。应在11月~第2年2月进行强修剪。

代表性的树种

胡枝子等。

关于顶芽和侧芽

在树木枝条中间的叶腋处生长出来的芽称为侧芽，在枝条顶端产生的芽称为顶芽。

在侧枝和顶端固定的部位分化的芽称为定芽，在

不是出现定芽的位置分化的芽称为不定芽。不定芽是在进行强修剪的时候由于某种原因，定芽停止分化时出现的芽。在主干和粗枝的中部产生的萌枝芽也称为不定芽。

到树木成年为止……

树木长到成年才能开花结果

对于观花观果的树木，需要了解树木从幼苗到开花结果的整个成长过程。在园艺商店和花木市场购入的幼苗，不能立即开花结果，需要通过光合作用积蓄营养，就像人一样需要一个从儿童长到成年人的过程，未成年的树木是不可能开花结果的。在市场上购入的带花的幼苗，都是生产者对幼苗进行一定的催花措施，促使其开花的。我们要了解的是，苗木从种植到开花结果，是需要经过一定的培育时间的。

下面对一些主要树木、果树从幼苗到开花所需要的大致时间进行了总结。虽然有些苗木种植 1~2 年了还没有开花，但请不要放弃努力。

从幼苗到开花的时间

从幼苗到形成花芽并开花需要经过多年的时间，并且因为树木品种不同，其开花时间也不一样。没有达到开花年限的苗木称为幼苗。

- ◆ 金合欢————幼苗种植后第 3~4 年
- ◆ 绣球————3 年以内
- ◆ 草莓树————幼苗种植后第 2~3 年
- ◆ 梅花————1 年生砧木嫁接苗种植后第 3~4 年
- ◆ 山月桂————嫁接苗种植后第 3 年
- ◆ 夹竹桃————高品质的苗种植后第 2~3 年
- ◆ 桂花————普通苗需要 3~5 年甚至更长
- ◆ 栀子花————第 2~3 年
- ◆ 绣线菊————扦插苗种植后第 2~3 年
- ◆ 樱花————1 年生苗第 3~4 年
- ◆ 石榴树————幼苗种植后第 3~5 年
- ◆ 紫薇————一般性品种种植后就开花，高品质品种种植后第 2~3 年
- ◆ 高山杜鹃————采购的苗木种植后第 2~3 年
- ◆ 加拿大唐棣————幼苗种植后第 4~5 年
- ◆ 山茶————从市场购入带花的幼苗种植后就开花
- ◆ 檵木————幼苗种植后 2~3 年
- ◆ 长穗蜡瓣花————幼苗种植后第 3~4 年

- ◆ 凌霄————成年苗木种植后就开花，幼苗要从第 3 年开始
- ◆ 胡枝子————种植的当年开始
- ◆ 多花梾木————庭院种植的苗要 3 年以上
- ◆ 山桃————第 1~3 年
- ◆ 玫瑰————幼苗种植后第 1 年
- ◆ 少花蜡瓣花————幼苗种植后第 3 年
- ◆ 紫藤————多数品种都是第 5~10 年，盆栽的是第 2~3 年
- ◆ 海棠————通常都是带花销售的，所以当年就能开花
- ◆ 牡丹————嫁接苗当年开花
- ◆ 金缕梅————市场购入的苗木当年或是第 2 年开花
- ◆ 木槿————普通苗第 2~3 年
- ◆ 玉兰类————日本辛夷品种第 2~3 年，其他的品种需要 5 年左右
- ◆ 樱桃————嫁接苗需要 4~5 年甚至更长
- ◆ 雪柳————扦插苗第 1~2 年
- ◆ 连翘————1 年生的扦插苗第 1~2 年
- ◆ 蜡梅————实生苗需要 5~10 年，嫁接苗稍早一点

注：上面列出的是大致的年数，根据苗木的大小、状态、气温、种植场所等条件不同而有所差别。

从幼树到成年树的生长过程

树木从幼树到成年树的生长过程中，有向上延伸的伸长生长和横向延伸的冠幅生长。树木品种不同，其生长快慢及生长期也不一样。

落叶阔叶树

如丛生落叶阔叶林中的杂木树种，它们都是尽量向上生长以获取阳光进行光合作用，增加自身营养物质的积累，使主干和枝条增粗。

常绿树和针叶树

常绿树和针叶树有两种生长类型，一种是伸长生长优先，到了一定的程度后冠幅再进行生长的类型；还有一种是先进行横向的冠幅生长，然后再进行伸长生长的类型。

生长类型

伸长生长
向上延伸

冠幅生长
横向延伸

主要庭院树木的生长速度

速生树木	绣球、齿叶冬青、野茉莉、枫树、大叶钓樟、枹栎、侧柏、紫珠、北美圆柏、紫薇、白蜡、加拿大唐棣、小叶青冈、红花檵木、长穗蜡瓣花、南烛（乌饭树）、松树、三叶杜鹃、四照花、蜡梅等
中生树木	桃叶珊瑚、三裂树参、金桂、茶梅、冬青、山茶、吊钟花、红山紫茎、卫矛、多花梾木、金缕梅、莱兰柏等
慢生树木	马醉木、日本花柏、木莲、山月桂、柑橘类、花柏、金叶花柏、高山杜鹃、白檀等

生长类型和修剪方法

针叶树种生长比较缓慢，像北美蓝云杉（锐光北美云杉、蓝粉云杉），幼树生长非常缓慢，多年以后生长速度非常快。如果在靠墙体及屏障等较窄的地方栽植细长高大树形的针叶树并任其生长，则会长成高大的树木，影响庭院的整体景观效果。

为了防止类似的情况发生，有必要了解树木的类型和生长特性，通过修剪控制树木的生长，生长过快的1年进行2次回缩修剪，生长活跃、枝干不断伸长的，在一定的高度进行摘心（截头、截干），参见第198页。

从幼苗培育开始

健壮苗木的标准

健壮的苗木，主根粗壮且根系发达，叶色不变并处于良好的发育状态。即使看不到根部，有以下的情况也可以确认是健壮的苗木。

要点 **1**

叶在枝条上直立

要选用分枝发达、节间（节和节之间的部分）较短（即节间紧凑）的苗木。

要点 **2**

有健壮的花芽和叶芽

冬季选择落叶苗木时，要选用枝条上有充实芽的苗木。

要点 **3**

盆底没有主根伸出

从盆底透水孔中生长出主根的苗，说明根系在盆中生长不好，尽量不要选用这样的苗木。

要点 **4**

枝叶没有病症

不仅要检查枝叶正面，还要确认枝叶背面是否有病虫害症状。

要点 **5**

花盆大小和苗木大小相适应

要选择大小适宜的花盆，枝叶生长不要过度地超越花盆应有的范围。

按照健壮苗木的要求在幼苗期进行适当的修剪

栽植苗木用于庭院更新改造及作为纪念树时，要根据将来苗木长成的理想景观树形进行培育。

确认为健壮苗木的要点是根系要发达。在苗木商店购进的苗木都是用花盆栽植或是根部用粗草席包裹的，看不到根的生长情况，即使这样，通过观察枝叶的发育状况也可以了解根系发育情况、了解是否有烂根现象。同样，苗圃中生长的幼苗也可以通过观察枝叶的形态确认苗木的优良程度，要尽量选择优质的幼苗。

幼苗种植后，要了解幼苗和成年树修剪的差异，即成年树的修剪是以保持树形为目的，幼苗的修剪是以多年后形成理想的树形骨架为目标。按照既定的理想树形的目标进行管理，一定能培育出美丽的景观树木。

苗木种植及施肥

要了解苗木种植的要点和施肥的方法。

种植的时期

落叶树及针叶树 ⋯⋯⋯ 新芽萌发前的 3 月

常绿树 ⋯⋯⋯⋯⋯⋯⋯⋯⋯ 气温开始上升的 3 月下旬 ~4 月，高温缓解后的 9~10 月，尽量避开高温和寒冷季节

种植前的准备工作

● 种植穴的直径是苗木根坨大小的 2~2.5 倍，深度是其 1.5~2 倍。种植穴不能为三角形，而要挖成圆形，挖上来的土壤要堆放在洞穴周围。

● 用双手捧 2 杯分左右（约 0.4 升）的腐殖土填入种植穴中并和周围的土壤混合。

种植

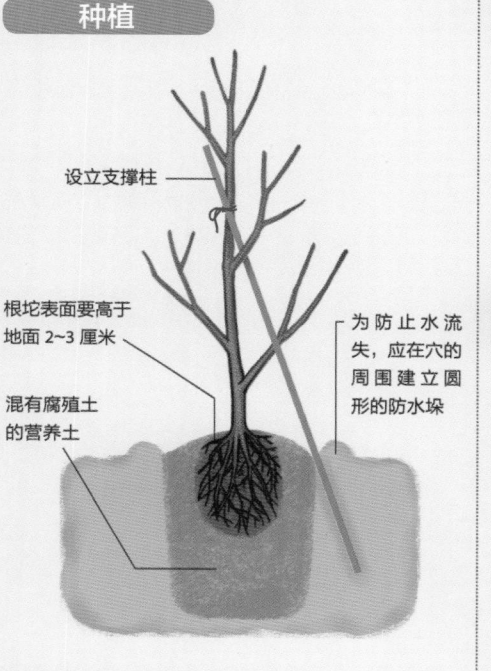

设立支撑柱 —

根坨表面要高于地面 2~3 厘米

混有腐殖土的营养土

为防止水流失，应在穴的周围建立圆形的防水垛

● 种植苗木时，其根坨表面要高于地面 2~3 厘米。
● 种植后要浇足水，待水渗入后压实土壤，使根坨和土壤紧密结合。土壤下沉的部分要再覆土。
● 支撑柱要斜向设立并用麻绳和苗木绑扎固定。

种植后

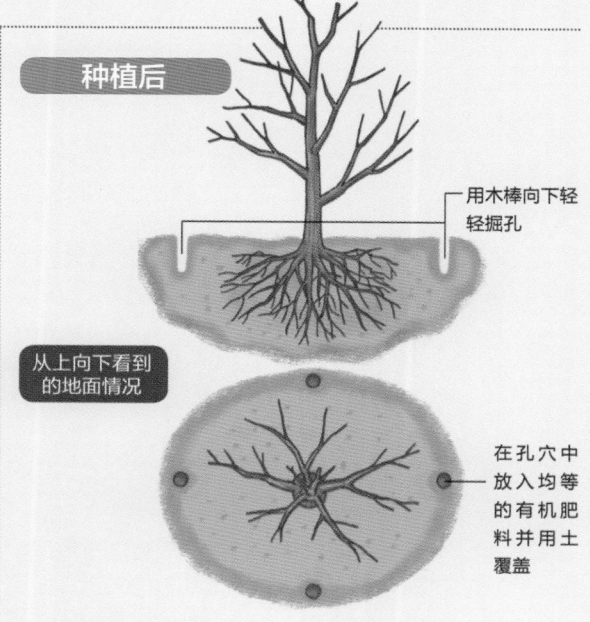

— 用木棒向下轻轻掘孔

从上向下看到的地面情况

在孔穴中放入均等的有机肥料并用土覆盖

● 种植的时候要浇足水，经过 1 周再浇水 2~3 次，根系就会和土壤紧密结合起来。严禁每天浇水。
● 平常浇水只是在夏季无雨的时候进行，每周 1 次就可以了。
● 第 2 年后，在树木休眠的冬季施有机肥料。吸收营养和水分的是树木的细根，它们分布在树木冠幅内的土壤中，因此要在冠幅大小的地面或稍微向外一点挖出施肥穴，等量施肥并用土覆盖。

幼苗的修剪

● 多发强势的徒长枝（参见第 25 页）时，应从基部剪除。
● 株直立（参见第 15 页）的情况下，要留下数根长势强的分枝（参见第 25 页），其余的全部剪除。
● 干直立（参见第 15 页）的情况下，横向生长的分枝要从基部全部剪除。
● 到了开花年龄（参见第 18 页）的树木，按一般修剪方式进行修剪。

庭院树木的病虫害

修剪时要注意及时发现病虫害

据说古代庭院师中就有一句格言"风和光能驱虫"。病虫害的发生和环境有很大关系，环境条件变恶劣时病虫害就会发生。不进行修剪而放任其生长，枝叶会生长过密，导致树冠中的通风和光照条件变差，在这种环境条件下，病虫害就很容易发生，这是主要原因之一。

整形修剪不仅是整理树形，也是保持树冠通风、透光的一项重要工作。另外，通过整形修剪也可以看到枝叶的每一个细节部分，能早期发现病虫害并及时采取相应的防治措施。

是否有枯枝叶？是否有枝叶变色的情况发生？是否有害虫痕迹？通过整形修剪就能经常观察了解到树木的生长状况。

需要注意的害虫

毛虫类

食叶和花蕾的害虫，在开花后修剪时常见，图中的刺蛾幼虫会使皮肤出现针刺一样的疼痛。

发生时期 4~10 月　发生位置 叶、茎、蕾

防治方法 一经发现立即打落并杀死，群聚发生时可以剪除枝叶并烧毁。

蚜虫

吸附在嫩枝、叶、花、蕾等处，通过吸汲树液使叶芽变形，还容易诱发煤污病。

发生时期 4~10 月　发生位置 叶、茎、蕾

防治方法 干旱季节容易发生，一经发现立即捕杀或进行药剂喷杀。

天牛类

在树干和枝条上产卵，产生的幼虫吸附在树皮下吸汲树干和枝条的汁液。

发生时期 全年　发生位置 枝、干

防治方法 一经发现立即向树干或枝条的虫穴中注入药剂或是进行捕杀。

茶毒蛾

食叶害虫，注意接触时皮肤会产生炎症。

发生时期 5 月上旬 ~6 月上旬、8 月上旬 ~9 月上旬　发生位置 叶

防治方法 药剂喷洒，一经发现立即剪除枝条。

叶蜱虫

吸汲叶子汁液，在叶上形成白色斑点，最后叶子枯落。

发生时期 4~11 月　发生位置 叶

防治方法 采用蜱虫专用药剂喷洒，在叶的背面用软水管冲洗，能驱走叶蜱虫。

介壳虫

吸汲树液影响树木生长，还会诱发煤污病。

发生时期 全年　发生位置 枝、干

防治方法 药剂喷洒效果不好，发现后可用刷子清除。

蓑衣虫（结草虫）

大蓑衣虫的幼虫以食叶为主，10 月开始结蓑衣并在此中越冬。

发生时期 6~10 月　发生位置 叶

防治方法 发现之后摘除并烧毁。

需要注意的病害

白粉病

发生于初夏到晚秋。叶和蕾的表面被白色粉末状物质覆盖，最后枯死。

发生时期 4~10 月
发生位置 叶、蕾、花

防治方法 不通风时容易发生。秋季要集中烧毁落叶，4~5 月喷洒杀菌剂。

▼白粉病

癌肿病

患病的部位出现褐色斑点并凹陷下去，最后树皮剥落形成凸起。

发生时期 4~11 月
发生位置 枝、干

防治方法 通风、排水能有效防止病害的发生。发病的部位要剪除并烧毁。

病毒病

叶和花上出现不规则的斑点，叶皱缩变色。

发生时期 4~10 月
发生位置 叶、花

防治方法 发现后立即清除。由于蚜虫会传播病毒，所以要防止蚜虫的发生。药剂的防治作用不大，病株应拔除并烧毁。

缩叶病

春季气温低、雨水多时容易发病，叶像火烧的一样变成红色或黄色，叶背面产生白色粉末状物质，枝条变黑并缩小。

发生时期 3~5 月
发生位置 叶

防治方法 将病叶摘除并集中烧毁。

灰霉病

叶、茎腐烂，花上出现斑点，最后被灰色的霉菌覆盖。

发生时期 3~7 月、9~11 月
发生位置 叶、茎、花

防治方法 通风、排水能有效防止该病的发生。病枝要及时剪除，病株要拔除，并集中烧毁。

枝枯病

常见于花木。枝条上有灰褐色、黑褐色斑点，逐渐变大后枯死。

发生时期 4~10 月
发生位置 枝

防治方法 发现病枝应立即剪除。切口用杀菌剂消毒，并涂保护剂，对修枝剪进行消毒。

煤污病

在枝条和叶片上产生黑色煤粉状物质。介壳虫、蚜虫的排泄物吸附在枝叶上滋生该病的病原菌并进行传播。

发生时期 4~11 月
发生位置 叶、枝

防治方法 对过密的枝叶进行修剪以保持冠内通风。发现有介壳虫、蚜虫时及时防治。

赤枯病

叶、枝变成褐色或是赤褐色，最后枯死。杉树类幼苗最易发生。

发生时期 5~9 月
发生位置 叶、枝

防治方法 通风、排水能有效防止该病的发生。剪除发病部位并对土壤进行消毒。

药剂使用的注意事项

1 大风及雨天不进行作业
选择晴天或阴天进行病虫害防治作业。气温超过 25℃进行药剂喷洒时，会对叶面产生伤害，所以在夏季的早晨或春秋季的中午比较适宜作业。

2 考虑到周围的人和动物
喷洒药剂前要告知近邻注意关好窗户、不要外出。散养的宠物最好关起来，提醒行人注意做好防护工作。

3 做好自我防护工作
穿好长衣、长裤，戴上防护帽、手套、防风护目镜等，不要让药剂接触自己的皮肤，最好准备防雨具。作业结束后，作业服要单独清洗，不要忘记洗手。

4 严格遵循使用方法
遵循药剂说明书中的使用方法和稀释倍数。稀释的药剂或是多种药剂混合的药剂，应该本着用多少配多少的原则，严禁存放，即便有少量剩余，也应该埋入土中处理掉。

修剪的基本原则是剪除不需要的枝条

不需要的枝是指影响树形的枝条

整形修剪的基本原则是剪除不需要的枝条。什么是不需要的枝条呢？不需要的枝条称为"不要枝"或是"无用枝"，是和自然树形生长相反的枝条、影响树木健康生长的枝条或是生长混杂凌乱影响树形景观的枝条。修剪时先剪除不需要的枝条，大致确定树形后，再进行细部的枝条整理、树形整理，这是一般的整形修剪的顺序。树木的整形修剪顺序一般是先从树的上部开始逐步向下进行。

虽说是不需要的枝，但有时并不一定要全部剪除。枝叶比较少的部位出现的"无用枝"，还是尽可能保留下来，修剪时要考虑这根枝条剪除后，将来树形会朝哪个方向发展？这是很重要的一点。如果不能确定剪还是不剪，可以暂时保留下来，等到下次修剪时再确定。

枝和叶的着生方式

枝、叶和芽的着生方式大致有互生、对生、轮生 3 种，是由树木品种决定的。修剪时要根据每种树的枝、叶和芽的着生方式等来确定修剪的方法。

互生	对生	轮生
互生是指枝、叶、芽在相互不同的方向生长的类型。修剪的时候应剪除拥挤枝。	对生是指从一个节点（叶、芽长出的位置）上生长出相对应的两根枝、两片叶的类型。修剪的时候剪除不对称的枝叶。	轮生是指从一个节点上生长出好几根枝叶的类型。修剪时以上下节点之间不重叠、留下 1~2 根枝为原则进行间隔修剪。

了解外芽和内芽，预测枝条的生长方向

在一根枝条上生长出来的芽，在枝条内侧的称为内芽，在枝条外侧的称为外芽。整枝的时候以剪除外芽以上的枝条为好。剪除外芽以上的枝条后，下面的外芽会发育成新枝，如果剪除内芽以上的枝条，内芽发育的新枝会向内部生长，出现树冠内部枝条重叠混杂的现象。

内芽

外芽

无用枝的种类

　　无用枝因生长方向不一样而有各种各样的名称。修剪前应记住这些名称，以区分不同的无用枝。

徒长枝
徒长枝是指长势强的枝条，几乎不着生花芽。生长在树冠深处的应该剪除，和其他的枝条有交叉的也要剪除。

丛枝
丛枝是指在同一个部位生长出若干个分枝。保留对着外侧的1~2根枝条，其他的全部从基部剪除。

枯枝
枯枝是指枯死的枝条。很多枯枝和树皮的颜色是不一样的，应该从基部剪除，如果是枝条梢部枯死，也可只剪除枯死的部分。

拥挤枝
拥挤枝是指部分交叉混合在一起的枝条。修剪时要剪除交叉重叠的枝条。

萌芽枝（枝干枝）
萌芽枝（枝干枝）是指从枝或树干的部位直接生长出来的枝条。影响通风、透光的枝条应剪除。

下垂枝
下垂枝是指向下伸长的枝条。影响枝条伸长和树形形成的枝条应剪除。

平行枝
平行枝是指向同一个方向生长的枝条。考虑树木整体的均衡性，可以从基部剪除。

内向枝（逆向枝）
内向枝（逆向枝）是指向树冠内侧生长的枝条。为有利于通风、透光，应从枝基部剪除。

直立枝
直立枝是指直立向上生长的枝条。这种枝条很容易吸收养分、长势强，妨碍树木的生长，同时几乎不形成花芽，所以应从基部剪除。

交叉枝
交叉枝是指和其他的枝条重叠交叉的枝条。考虑树体整体的均衡性来确定剪除部分。

内膛枝
内膛枝是指靠近主干、主枝内部的弱枝条。影响光照、通风的枝条要剪除。

分蘖枝
分蘖枝是指从树木根基部生长出来的枝条。因为它从树木的根部吸收养分和水分，通常从地面剪除，如果老树干需要更新，剪除老树干，保留几根分蘖枝，将来选择一根作为新主干。

形成自然树形的修剪方法

疏枝修剪、平剪、回缩修剪 3 种修剪方法

修剪的基本方法有 3 种。第一种是暂不修剪枝条的顶端，只剪除部分枝条，使树体整体枝条减少的修剪，称为疏枝修剪或透光修剪；第二种是修剪成绿篱状，称为平剪；第三种是剪除枝条或主干的顶端，控制枝条和树干向上生长而使枝干增粗，称为回缩修剪。

要使庭院中的树木形成自然树形，最开始进行的是透光修剪，找出树木中不需要的无用枝（参见第 25 页）进行疏枝修剪，然后根据树形进行回缩修剪，最后形成完美的树形。

常见的修剪顺序

以西洋牡荆为例，介绍自然树形的修剪方法。修剪前，枝叶重叠交叉，树冠内通风、透光条件差，修剪要按照从树的上部开始逐渐向下的顺序进行。

▲ 修剪前

1 剪除拥挤枝

枝条的顶端有好几个分枝导致枝条拥挤，应该剪除。

3 剪除枯枝

树冠内部的枯枝应当从枝条基部剪除。枯枝上不着生树叶，是很容易判定的。

2 疏剪拥挤枝

有好几根枝条混合交叉时，应当进行疏枝，以保证通风、透气。疏枝时应从枝条基部剪除。

4 剪除平行枝

相邻的枝条朝同一方向伸展称为平行枝。其中向上长势强的枝条又称为徒长枝，它具有"无用枝"的多重要素，因此要剪除。

5 剪除直立枝

要剪除在枝条的中部直立向上强势生长的枝条。

6 剪除下垂枝

要剪除向下生长的下垂枝。

7 剪除分蘖枝

从主干的根基部会发出很多分蘖枝，分蘖枝吸收树木的水分和养分，会妨碍树木的生长，应当剪除。

8 过长的枝要回缩

应当剪除伸长过长、超出树冠的枝条。在枝条的中间修剪称为回缩修剪。长枝在中间修剪时，切口要在叶或芽的上方。

在靠近叶的上部剪除。

在节与节之间剪除，伤口吸收不到营养容易枯死。

完成

通过进行枝量减少的疏枝修剪和枝条变短的回缩修剪，树体的大小只有原来的 2/3，大大改善了树体的通风和透光状况。

粗枝的剪除方法

　　直径超过 5 厘米的枝条，要用锯子分 3 次进行切割修剪，这样能减少对切口的损伤。粗枝重量大，如果一次性剪除，操作过程中枝条会因折断而拉伤树皮，导致病原菌侵入。

　　第一步是在枝的基部 7~8 厘米的部位从枝的下侧锯一部分；第二步是从第一个锯口向上 1~2 厘米处从枝条上侧向下锯，使枝条和树分离；第三步是把留下的部分从基部彻底剪除。要注意的是，这个时候如果切口凹凸不平，就容易积水并引起病原菌感染。

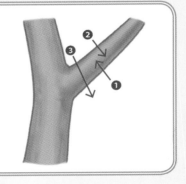

绿篱的修剪方法

树冠表面全部进行的修剪称为平剪

　　绿篱和日式庭院中的很多树木修剪成球形，小叶黄杨常常修剪成球形、分层形、圆桶形、圆锥形等，按照欧式园林风格修剪成动物艺术造型、去掉直立主干上的枝叶并将树干顶部修剪成球形等，这些都不是自然树形而是人造树形，是通过平剪的方式完成的。

　　平剪是剪除新芽、促进分枝的一种修剪方法。通过平剪使枝叶生长茂盛并形成完美的树形，因此，进行平剪的树木，1年中要修剪2~3次。进行平剪的树木，一定要选择耐修剪的树木品种。这种树木的修剪适宜时期是6月~7月上旬和9月上旬~10月。具体请参考后面各个树种的修剪介绍。

耐修剪的树种

　　树木分为萌枝力强、耐修剪的树种和萌枝力弱、不耐修剪的树种，在做绿篱的时候一定要选择萌枝力强、耐修剪的树种。

落叶树

代表性的树种

粉花绣线菊、吊钟花、锦木等。

常绿树

代表性的树种

大花六道木、齿叶冬青、油橄榄、金桂、栀子花、茶梅、杜鹃、乌柿、小叶青冈、高山杜鹃、山茶、红花檵木、柊树（刺桂）、日本黄杨、全缘叶冬青等。

针叶树

代表性的树种

红豆杉（矮紫杉）、龙柏、侧柏、日本花柏、日本扁柏、金钟柏、大果柏木等。

平剪完成后的形态

圆锥形

球形

分层形

绿篱平剪的顺序

　　乌柿是一种 3~5 米高且耐平剪的树木，可以作为绿篱使用。初学者可以从内面和侧面着手，熟练使用修枝剪后，可以进行表面的平剪。

1

▶ 修剪前

修剪突出的粗枝

修剪时找出从树冠上伸出的向上、横向的粗壮枝，从树冠内部剪除。这个操作叫作"除内枝"，切口尽量不要露出绿篱的表面，保证修剪后树冠表面的平整。

▼ 小叶黄杨内部粗枝的修剪

2 　树冠表面的修剪

根据绿篱的高度从上面开始修剪。将修枝剪刀口向上适当弯曲（参见第 31 页），刀刃与绿篱保持水平，突出枝、叶等修剪完成后，表面处于平整的状态。

3

侧面的修剪

和前面所述的一样，先剪除突出枝。

4

内面和表面的修剪

上部接收阳光比下部充足，所以生长比较快，修剪时应使上部变窄一点，整体修剪成一个梯形。

完成

通过枝条的修剪，促进枝芽的萌发和枝数的增加，表面枝叶变得密集茂盛，形成漂亮的绿篱。

修剪的工具和使用方法

使用适合的工具且使用后要保养

在此介绍一下庭院树木修剪所使用的工具。这些工具既是工作中必须使用到的，又要使用方便，自己认为需要的可以慢慢收集起来备用。

修枝剪和一些小型工具是必需品，但并不一定需要高端的，最好选择一些专用的修剪工具和物品，选择标准是适合自己手的大小、能轻松自如且快速进行修剪。

刀具类在使用后会沾上树液和木屑，如果不及时清理，就会残留树皮、木屑及树液的味道并发霉，影响工具的使用寿命。树木修剪对于树木本身来说就是一次手术，修剪不能给树木本身的生长发育产生过多的负担或不良的影响，为了不因为修剪而使树木长势衰退，所以修剪工具的保养也是很重要的。

修剪作业结束后要及时擦干刀具上的树液并晾干，必要时还要把刀口磨一下，然后进行妥善保管。

手动修枝剪

用　途　细枝条及直径为 2~3 厘米的粗枝条均可以剪下。对于过细的枝条不适用，它是在修剪中使用最多的一种修剪工具。

选择方法　型号各种各样，最好选择适合自己手握的型号。

使用方法

修枝的时候，尽可能将受刃口（细长弯曲的刃）固定在枝条上，切刃口（幅度比较宽的刃）用力向下压进行修剪。切刃口尽量靠近枝条的基部进行修剪，这样修剪后留下的橛就很短了。

另外空着的一只手可以抓住枝干轻轻向下拉，这样持剪的那只手不需要太用力就能轻松地剪下枝条。

长柄修枝剪（平枝剪）

用　途　是做球形树冠的工具，用于绿篱、灌木类等很多植物的修剪。

选择方法

有大小、重量不同的多种类型，按实际需要选择轻型、省力、易操作的。

使用方法

手握长柄的中部位置，通过长柄支撑能够很省力地进行修剪。注意是用一只手臂固定长柄，另一只手臂用力进行修剪。如果两只手臂同时用力修剪，树冠表面就会剪得凹凸不平。

修枝剪的正面和背面

长柄修枝剪有正面和背面的区分，刀刃和柄之间弯曲向上的一面为正面，相反的一面则为背面。平面修剪或是曲面修剪时用正面向上进行操作。

正面

背面

绿篱进行平面修剪的时候，是正面向上进行水平修剪（左图）。背面向上修剪主要是用于球形及曲面的修剪，能够修剪出完美的曲线形（右图）。

注意事项　用膝盖压住修枝剪的一个手柄，一只手打开另一个手柄进行固定，对剪刀进行研磨。

修枝剪的保养

　　通常修剪结束后，在修枝剪上会留下树液、水、杂物等，要及时进行清理并晾干后保存。修剪松类植物时刀上会粘有松脂等物质，可以用松脂清洁剂清洗后再用温水冲洗并用干布擦干。待其干燥后给刀刃涂上防锈油并闭合数次，使油散开。如果刀刃钝，就要进行研磨。

用沾水的磨石在修枝剪刀刃的外侧进行研磨。

外侧研磨后对内侧也稍加研磨并取下扩张器。

其他工具

高枝剪

用　途 修剪较高大树木时常用梯子，但对斜面及梯子达不到的地方进行修剪作业时，用高枝剪或高枝锯就很方便了。

选择方法 购买时试一下是否灵活，实际操作手柄时，能够很轻松地使修枝剪开启和关闭，有这样效果的高枝剪就可以。

使用方法

调节长度，打开手柄的开关就可以使用了。修剪前先进行练习，并且练习时不要把枝条剪下来，只要夹住枝条就可以了。

锯子

用　途 用于大枝和枝干的修剪。

选择方法 大小、形状有各种各样的，但修剪是在狭窄、充满枝条的缝隙中进行的，所以锯刀较细的使用起来比较方便。还有锯刀可以折叠或者拆下替换的类型。初学者用刀长 18~20 厘米，刀和手柄之间弯曲的类型比较好。

整　理 刀刃上沾有木屑时要用刷子清除，沾有树液、油脂及水的要用干布擦拭，油脂最好用热水清洗。待刀刃干燥，用防锈油擦拭，以防生锈。

使用方法

日本的锯子很容易操作，拉的时候用力，推的时候稍松开，就可以顺利地锯下枝条。

注意事项

折叠式的锯子，注意折叠时一定要关好开关，以防伤人事故的发生。

苗木剪

用　途 修剪叶子和小枝条时使用的剪刀，是比修枝剪小、用于细部整形修剪的苗木剪。

选择方法 苗木剪有各种各样的型号，选用适合自己手握的型号。

使用方法

持剪刀的手在日语中称为"蕨手"，一方用大拇指插入，另一方用中指到小拇指的 3 根手指插入，食指放在最外面，这样操作会轻便省力。修剪细枝条时用剪刀的前端，修剪稍粗点的枝条时用剪刀的后半部分。

梯子

三角梯

用　途　修剪庭院中高大树木时使用。

选择方法　有三角梯和折叠梯两种类型，三角梯更容易接近需要修剪的部位，方便作业。

使用方法　一定要设置在比较稳固的地方。如果地面比较松软，应铺设木板进行固定。三角梯的一角可以伸进树木的内部再打开，梯子打开后一定要调整好三角固定装置，上梯之前确认是否摇晃，上梯后再次确认是否稳固。

注意事项　爬到梯子的顶端、单脚踩梯子、另一只脚伸到树干上进行操作是有危险的。在梯子上用长柄修枝剪更加危险，要特别小心和注意。梯子暂时不用时应当收起来并放倒在地面。

套子和腰带

用　途　修枝剪、苗木剪在作业当中需要反复交替使用，用专用的套子挂在腰带上，这样用起来方便。

手套

用　途　作业中为防止手受伤应戴手套进行操作。

选择方法　手套有布制、人造革制等各种类型，在用刀具时，如果戴手套容易滑，可以脱下手套。但是，用手握住枝条时最好还是戴上，防止手受伤。

安全帽

用　途　用梯子进行高空作业时，为保证跌落时的安全，一定要戴上安全帽。进行高枝修剪时，枝条会从高空落下，戴上安全帽以防万一。

选择方法　安全帽有各种尺寸，加入发泡苯乙烯制造的安全帽安全性更高。

电动剪枝机

用　途　在进行绿篱及球形修剪时用电动剪枝机能大大提高效率。

选择方法　根据重量和动力大小，看看是否容易操作，以及修剪的效果等进行选择。对于初学者来说，最好是用充电式的剪枝机，操作比有线的简单方便，容易上手。

使用方法　用左手握住前面的把柄，右手紧握后把柄进行操作，把带电线的吊带挂在腰上，电线尽量不要碰到枝条修剪下来的枝叶。在电线板、修剪罩中枝叶堆满时，要切断电源并确认电机停止后取出枝叶。

注意事项　与修枝剪及苗木剪相比，电动剪枝机的刀刃比较粗，振动时前后晃动，损伤会切口，影响树木的长势。

簸箕

用于收集垃圾。

选择方法

有竹制、金属制、塑料制等各种类型的簸箕。

麻绳、棕榈绳

用 途

修剪时对碍事的树木、枝条等进行牵引会用到绳子，将修剪下来的枝条集中的时候也会用绳子进行捆扎。

使用方法

事先把棕榈绳用水浸湿使其变软，会容易捆扎，等其干燥后也能自动地使捆扎更加紧实。

垃圾收集袋及塑料垃圾袋

用 途

收集修剪后产生的枝叶废弃物。

选择方法

装垃圾的垃圾袋，塑料制包装袋最方便，不用的时候可以折叠起来，如果没有可以用柏油帆布袋替代。

愈合剂

用 途

用于树枝切口处伤口的保护，特别是修剪粗枝时常用到。

选择方法

有软膏装的和罐装的愈合剂，如果购买不到，也可以用最常见的墨汁替代来涂抹伤口。

竹扫帚

用 途

打扫收集修剪下来的树枝、枝屑，以及地面上的枝叶时使用。

选择方法

打扫小乔木及直立树附近的杂物时可以使用小型的竹扫帚。

熊掌耙子

用 途

和竹扫帚的功能相同，用于收集比较大的杂物。

选择方法

有竹制、金属制、塑料制等各种类型的耙子，实际应用时根据耙子尖端部分的弹力情况进行选择就可以了。

第2章
人们喜爱的庭院树木

什么时候、采取什么样的修剪方法好，要事先确定后再进行修剪。

本部分内容具体讲述了人们喜爱的庭院树木的修剪方法，按照下面的项目进行分类介绍。

金合欢

带有金黄色穗状花序的花木，有时也被称为"含羞草"

基本资料

科属	豆科合欢属
类型	常绿阔叶树
树形	干直立型
树高	4~10 米

★有银叶金合欢、银荆等很多品种，修剪方法几乎相同。

修剪要点 ✂

◆ 修剪在花期结束后，新的一期花芽分化之前进行。

◆ 花是在第 2 年的新枝上开花，所以要剪除老枝，留下新枝作为花枝。

◆ 大树想矮化的时候，在主干枝 1.5~3 米处截枝。

修剪月历（月）

月	
1	
2	
3	开花 / 修剪
4	
5	修剪
6	
7	花芽
8	
9	
10	
11	
12	

（月）

春
修剪
4月上旬
✂

夏
修剪
5 月中旬~
6 月上旬
✂

5 保持树冠紧凑

金合欢生长旺盛，有时树高过 10 米，所以从幼树就要开始修剪，使树木保持一定的大小。

6 过大的树摘心

过大的树木要进行矮化处理，在 1.5~2 米的地方剪除主干。

7 剪除长枝

从距长枝的基部 10~20 厘米、着生叶的地方剪除枝条，可促进分枝，形成紧凑繁茂的树形。

花芽分化

7 月 ~8 月中旬，从上一年的枝条上生长出的 2 生枝条的前端分化出花芽；第 2 年，从花芽上长出房状花序，前端开花。

1 留下新枝

老枝对于新枝的萌发有抑制作用，所以要剪除老枝，促进新枝的生长。

2 剪除无用枝

为了保证树冠内光照充足，拥挤枝、交叉枝、错落枝、萌芽枝等无用枝（参见第 25 页）出现时要尽早剪除，伸出树冠的枝条也要剪除，以保持树冠的完整性。

长成大树的金合欢管理非常困难，幼树时就要维持一定的树形，到达一定的高度时需要摘心处理。

3 粗枝修剪后容易干枯

修剪粗枝时切口容易发生干枯现象，金合欢的生长速度很快，所以在 2~4 年树龄、枝条较细的时候修剪。

4 过了夏季不要修剪

夏季花芽分化，如果过了夏季再进行修剪，不能形成花芽，会造成第 2 年不开花。

保留了很多新枝，开花量大。

|完成|

由于耐强修剪，修剪后可形成紧凑繁茂的树形。

绣球

生长在酸性土壤中的绣球花花色是紫色的，生长在中性及弱碱性土壤中的绣球花花色是粉红色的。

基本资料

科属	绣球科绣球属
类型	落叶阔叶树
树形	株直立型
树高	1~2米

修剪要点 ✂

◆ 花期结束后，为了防止树木衰弱应尽早开展树木修剪工作，剪除留下的花梗。

◆ 没有开花的枝，有可能第2年开花，所以要保留。

◆ 3~4年生的苗木要进行一次强修剪，将所有的枝条从根部开始全部剪除，通过强修剪进行植株更新。

★ 有山绣球、柏叶绣球等很多品种，修剪方法几乎是一样的。

修剪月历（月）

月	
1	修剪
2	
3	
4	
5	开花
6	开花 修剪
7	修剪
8	品种不同不一样
9	
10	花芽
11	
12	修剪

（月）

3 保留没有开花的枝条

当年没有开花的枝条，到秋季会产生花芽，有可能第2年开花，要保留。

4 剪除伸长枝

拥挤枝、伸出树冠的枝，按照扩大保留枝条的生长空间进行剪除。

花芽分化

9月中旬~10月，从当年生长的枝条顶端分化出花芽，第2年从花芽处发出新枝，在前端开花。

1 花梗修剪

花期结束后如果花梗继续留在植株上，下面的芽生长受阻，会影响第 2 年花芽的形成。花期结束后在开花处向下 2~3 节的位置剪下花梗。

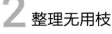

2 整理无用枝

绣球容易萌发新枝，老枝和细枝应当从根基部剪掉。

5 保持树冠紧凑

树太高、太大的时候，要进行短枝修剪，这时的修剪应从枝条基部向上留 1 对叶子处修剪，如果把叶子全部剪除，树的光合作用减少，植株会逐步衰弱。

1 保持树冠整体均衡

为了保持树冠整体均衡，伸出树冠的枝条应从分枝基部剪除。这一时期枝条的前端已有分化的花芽，在考虑树冠整体均衡时，不要过度修剪。

2 控制冠幅

绣球的植株可以横向生长，在有限的庭院空间中，要剪除横向生长的枝条，防止植株占用更大的空间。

3 整理无用枝

枯枝要从基部剪除。直立枝、拥挤枝、交叉枝多的情况下，要把粗的老枝从根基部剪除。

4 更新老植株

植株太大、老枝不开花的情况下，应该从根基部全部剪除以进行更新，根据情况每3~4年进行1次。修剪后的第2年是不会开花的。

个别绣球品种的修剪方法

柏叶绣球品种

如果不修剪任其生长，则是一种干直立型的品种。如果要形成一种半圆形的树冠，需要从幼树的落叶期开始，从距地面位置 20 厘米处进行剪芽，增加枝条数量形成半圆形树冠。

美国绣球品种

美国绣球品种和其他绣球品种不一样，春季分化的花芽在初夏开花，因此在落叶后的冬季可以修剪，在枝条的下端进行强修剪可以促进枝条的生长，花的数量虽然减少了，但是花径扩大了。如果在树冠上进行弱修剪，虽然花径变小了，但是花的数量会增加。

外形漂亮、着花很多。

| 完成 |

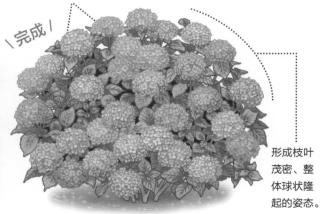

形成枝叶茂密、整体球状隆起的姿态。

梅花

主要有观花的梅花和收获果实的梅花。

基本资料

科属	蔷薇科杏属
类型	落叶阔叶树
树形	干直立型
树高	5~10 米

★梅花枝条的前端均是叶芽，如果把前端修剪后，发出来的短枝会增加。

修剪要点 ✂

◆长枝修剪时，保留花芽枝，其余的枝剪除。因为花芽均分化在短枝上，所以短枝要保留。

◆收获果实的梅花，主干应向侧面伸长，形成自然开心形的树形，这样有利于结果实。

◆观花的梅花，在开花后的 3 月每根枝条上留 3~6 个芽，其余的剪除。

修剪月历（月）

	月
开花 / 修剪	1
	2
修剪	3
	4
修剪	5
	6
花芽	7
	8
	9
	10
	11
修剪	12

（月）

冬
修剪
12 月～第 2 年 1 月 ✂

结果实的梅花

3 保留长枝

长枝一般不着生花芽，为了将来而留下，仅在前端部分进行回缩修剪（参见第 26 页），这样做的目的是分化花芽的短枝数量增加了。

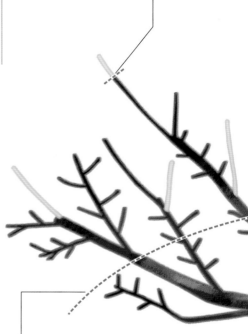

4 回缩修剪数年一次

即使每年修剪，开花的地方也会逐渐向枝的顶部聚集，所以经过数年后要进行一次较低位置的回缩修剪，使其产生较多的新枝，通过这样的整枝来改变树形。

5 修剪下枝

在主干的下部长出的枝条，会造成树形的混乱，应从基部全部剪除。

1 自然开心形的树形

将 1~2 年生的梅花截短主干，使其从下面分枝，这种枝作为今后的主干枝培育，向横向伸张，形成冠幅大、高度不高、自然开心形的树形。

2 剪除无用枝

徒长枝、拥挤枝、交叉枝、内膛枝、下垂枝、直立枝等都是无用枝（参见第 25 页），均应剪除。

形成自然开心形的树形，阳光充足就会结果实。

| 完成 |

通过修剪，通风状况变好，蚜虫等害虫减少。

春
修剪

3 月 ~4 月上旬

✂

4 树太高的要强修剪

如果树较高，可以对粗枝进行强修剪纠正树形。在修剪粗枝条时，都要从枝条的基部剪除。

1 剪除无用枝

由于梅花冬季落叶，在确认枝条走向的同时，对下垂枝、内膛枝、交叉枝、影响树形的无用枝（参见第 25 页）、分蘖枝、枯枝等，要全部剪除。

2 短枝不要剪

由于短枝萌发花芽，所以要保留。

3 开花后的修剪

在 3 月花期即将结束，趁还有花梗的时候在长枝上留 3~6 个芽的部位修剪，剪除花梗后使其发出很多短枝。

开花后的修剪

5 长枝在外芽处修剪

修剪长枝的时候，在外芽的上部（参见第 24 页）剪枝。

夏季的形态

垂枝梅

垂枝梅的枝条呈弧形弯曲下垂，看起来很优美。下垂的枝条多而长，越往上枝条数量越少，冠幅也变窄。修剪时应在外芽的上部修剪，这样枝条向外伸长并向下垂。

夏

修剪

5月中旬~
6月

✂

观花的梅花

1 剪除徒长枝

夏季徒长枝长出来后，从基部剪除，如果从枝条中部剪除，切口附近会长出很多徒长枝，影响树形。

2 长枝在外芽上部剪除

长枝在外芽上部剪除，不要留下过多的枝条。

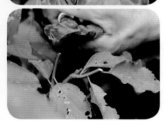

3 考虑树势整体均衡的修剪

从根基部发出的分蘖枝、从干上长出的徒长枝、伸出树冠以外的枝等要全部剪除。

\完成/

梅花是先花后叶，可以把枝条修剪整理后作为观赏对象。

有花芽的向内伸长的内膛枝可以适当保留。

野茉莉

5 月枝条上挂满下垂的白花，也有粉红色品种。

基本资料

科属　安息香科安息香属
类型　落叶阔叶树
树形　干直立型
树高　7~8 米

修剪要点 ✂

从树冠上伸出的长枝、主干萌芽枝、分蘖枝等都是无用枝，应当剪除。

徒长枝从枝条中部修剪以促发出短枝，是增加花数量的一种修剪方法。

它的树干较高，所以在树高 2 米左右处进行摘心处理，可控制树高。

*有一种垂枝茉莉品种，枝条修剪时要在外芽以上部分修剪，这样可以保持树形的丰满度。

修剪月历（月）

月	修剪	开花	花芽
1	修剪		
2	修剪		
3			
4			
5	修剪	开花	
6	修剪		
7			花芽
8			
9			
10			
11			
12			

1 剪除徒长枝

由于该树长势较强，徒长枝要从枝基部剪除，保证树冠的整齐。

2 剪除无用枝

缠绕枝、主干萌芽枝、分蘖枝等无用枝（参见第 25 页）要剪除，以控制树势，保证枝条之间的间隔。

花芽分化　7月~8月中旬，在当年生长的短枝的叶基部分化花芽，第 2 年开花。徒长枝不分化花芽。

冬

修剪

1 月中旬~
2 月

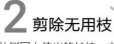

1 保持树形的紧凑

由于该树生长较高，从幼树开始在树高 2 米左右时要摘心（截头、截干），每年高出树冠的枝条要剪除，以保持树形的紧凑丰满。

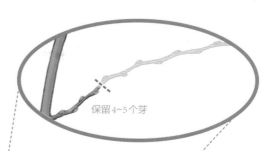

保留4~5个芽

3 保留徒长枝以增加分枝数

原则上徒长枝都应当从基部全部剪除，但是有时要保留 4~5 个芽，在外芽的上部修剪，这样能够增加短枝数和提高花芽分化数量。

完成

枝条交叉拥挤，透光性不好，花芽分化就少。

2 剪除无用枝

从树冠上伸出的长枝、主干萌芽枝、分蘖枝等无用枝，应当剪除，以保证树冠内通风、保持树形的整齐。

通风良好，能够透过树冠看见对面的枝条清爽整洁。

含笑

浅黄色的小花并不起眼，但有香蕉一样的甜香味。

基本资料

科属　木兰科含笑属
类型　常绿阔叶树
树形　干直立型
树高　3~5 米

★生长缓慢、容易打理，但不耐寒、不耐干旱，是一种半阴性质的树种。

修剪要点 ✂

徒长枝从枝干基部剪除，想要增加分枝时可以保留 4~5 个芽。为了增加树冠内的光照，拥挤枝、交叉枝等无用枝要进行疏剪。影响树形的枝要从枝基部剪除，以保持树形的均衡和美观。

修剪月历（月）

	1
	2
	3
	4
开花	5
修剪	6
花芽	7
	8
	9
	10
	11
	12
	（月）

3 剪除徒长枝

徒长枝几乎不萌发花芽，开花结束后要从基部剪除。

4 利用徒长枝增加分枝

徒长枝一般都要从基部剪除，但为了增加分枝，修剪时可以保留 4~6 个芽，以促进花芽枝条的萌发。

1 保持树冠紧凑

枝条不能向上或横向过多地伸长，以免形成卵形或锥形的树冠。从树冠上伸出的枝条要及时剪除，以保持树冠的紧凑完整。

2 疏枝

为了保证冠内有充足的阳光，拥挤枝、缠绕枝、交叉枝、主干萌芽枝等无用枝（参见第 25 页）要剪除。枝叶拥挤交叉的部分、叶子重叠的部分要进行疏剪。

\完成/

理想的树形
没有突出的
伸长枝。

树冠内透光且枝条间通透。

花芽
分化

7 月~8 月中旬，在当年生长的枝条的叶基部形成花芽。花芽饱满时被褐色的毛覆盖。

49

山月桂

星形的花蕾、伞房花序。在日本又叫美国石楠花、花笠石楠花。

基本资料

科属　杜鹃科山月桂属
类型　常绿阔叶树
树形　干直立型
树高　1~3 米

★有许多品种，不耐干旱，种植在阴凉处花芽分化不良。

◆考虑植株整体开花的均衡，花蕾只留一半。

◆为了避免植株长得太高大，修剪时留一些向上生长的小枝。

◆在开花后结种子之前摘掉花梗。

修剪要点 ✂

修剪月历（月）	
1	
2	
3	
4	
5	开花 修剪
6	修剪
7	花芽
8	
9	
10	
11	
12	
（月）	

夏
修剪

5 月中旬~
6 月
✂

2 在树冠上保留小枝

树木形成大的植株后要进行改造是很困难的，所以从幼树开始在树冠上部生长分叉的两枝中，剪掉大枝，留下小枝。

3 剪除分枝处的枝条

这种枝条生长缓慢、对树形影响不大、培育也很容易，在修剪枝条的时候，一定要在距离分枝处 5 毫米左右的位置剪除。

4 疏蕾

该树是隔年开花，若当年开花很多，第 2 年花量就减少，因此，11 月每个花序要摘除一半，留下一半作为第 2 年开花用。

花芽
分化

7 月 ~8 月中旬，在当年形成的新枝顶端分化花芽。如果结种子，花芽分化就难以进行。

50

1 摘掉花梗

开花后，如果留着花梗产生种子，则新枝生长缓慢、花芽难以分化，因此开花之后应尽早摘除每一个花房（花梗）。

修剪前

修剪后

＼完成／

树体整体形成一个繁茂外形。

如果一个植株开很多花，第 2 年的花量就会减少。

夹竹桃

花似桃、叶似竹，所以称为夹竹桃。

基本资料

科属	夹竹桃科夹竹桃属
类型	常绿阔叶树
树形	干直立型
树高	4~5 米

3 结合树形整枝

树冠内部突发的枝条应从枝条基部剪除，如果从中间修剪则会发出好多小枝，影响树冠内部的光照。

2 不留分蘗枝

内膛枝、根部的分蘗枝较易发生，会消耗树体的养分和水分，发现后立即剪除。

修剪前   修剪后

修剪要点 ✂

◆ 枯枝、老枝、交叉枝、徒长枝等无用枝要全部从基部剪除。

◆ 丛状植株栽植时，留下 3~5 株，其余的全部剪除。

◆ 由于该树生长发育比较快，植株长到一米高左右时要进行回缩修剪。

* 由于从该树伤口流出的树液有毒，进入口中会导致死亡，所以修剪时一定要注意。

修剪月历（月）	
1	
2	
3	
4	
5	花芽
6	
7	开花
8	
9	修剪
10	
11	
12	
（月）	

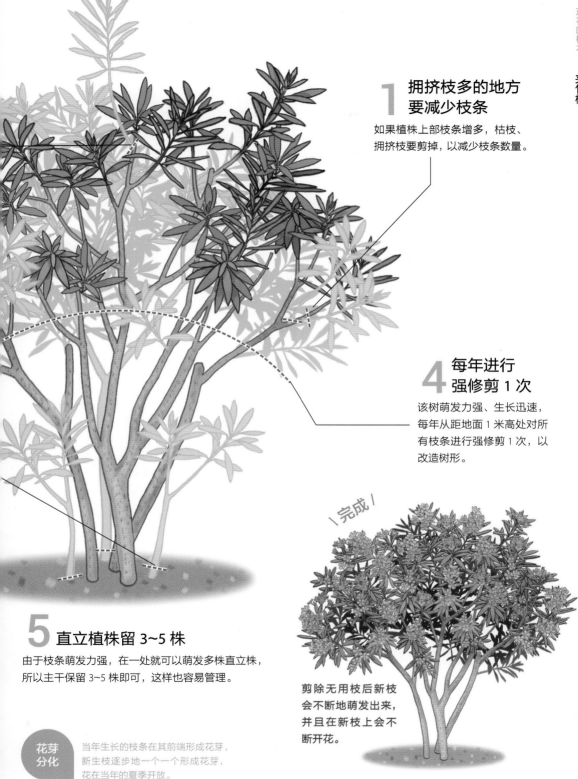

1 拥挤枝多的地方要减少枝条

如果植株上部枝条增多，枯枝、拥挤枝要剪掉，以减少枝条数量。

4 每年进行强修剪 1 次

该树萌发力强、生长迅速，每年从距地面 1 米高处对所有枝条进行强修剪 1 次，以改造树形。

\完成/

5 直立植株留 3~5 株

由于枝条萌发力强，在一处就可以萌发多株直立株，所以主干保留 3~5 株即可，这样也容易管理。

剪除无用枝后新枝会不断地萌发出来，并且在新枝上会不断开花。

花芽分化 当年生长的枝条在其前端形成花芽，新生枝逐步地一个一个形成花芽，花在当年的夏季开放。

桂花

枝头开满橘黄色的花，在很远处就能闻到甘甜的香味。

基本资料

科属	木樨科木樨属
类型	常绿阔叶树
树形	干直立型
树高	5~10 米

＊白色花的银桂、金黄色花的金桂等都是相同的修剪方法。

植株出现 3 根枝条混杂在一起的时候，要剪除中间的那根。

在庭院面积比较小的情况下，树干在高 2~3 米时要进行主干摘心，以控制树高。

在开花后或是春季修剪。寒冷的地区在春季（3~4 月）进行修剪。

修剪要点 ✂

修剪月历（月）

月	
1	
2	
3	
4	修剪
5	修剪
6	
7	
8	花芽
9	开花
10	修剪
11	
12	

（月）

春 修剪 3月下旬~4月上旬 ✂

夏 修剪 5月中旬~6月 ✂

秋 修剪 10月中旬~11月 ✂

4 强修剪上部枝条

越是树冠上部的枝条，长势越强、生长速度越快，所以要进行强修剪。树侧面根据理想树形的要求，发现突出枝都要修剪，以保持完整的树形。对于长势强的突出枝，不论什么季节都要剪除。

5 控制树高

众所周知，桂花各个品种在各地都有高大的树木，在小庭院中 2~3 米高的小乔木比较适合，所以在保证小枝生长的情况下要截主干，以保持树冠的紧凑和均衡。

6 过度地修剪会导致树势衰弱

该树耐修剪，可以作为绿篱使用，但是强修剪后叶量减少、小枝容易枯死，最后导致树势衰弱，这点需要注意。

3 剪除下枝

分枝多、树形容易杂乱，从主干生长出来的枝条要从枝条基部剪除。

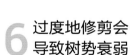

花芽分化

8 月，在春季生长的枝条的叶腋处分化花芽，当年秋季开花。夏季伸长的徒长枝不分化花芽。

1 疏剪中央枝

在有 3 根枝条密集着生的部位,中间枝从基部剪除,留下的两枝保留 2~4 片叶后剪除。

2 剪除无用枝

枯枝、下垂枝、徒长枝、内膛枝等无用枝(参见第 25 页)进行修剪整理,按照便于通风管理的要求进行。

\完成\

花序排列均匀。

树体枝叶茂盛、接近卵形的外形。

栀子花

花为白色、具有强烈的芳香气味，也有八重花瓣及树形较小的栀子花。

基本资料

科属　茜草科栀子属
类型　常绿阔叶树
树形　株直立型
树高　1~2 米

★ 从地面长出好多枝条形成植株状树形，也有形成一个主干的直立型树形的方法。

◆ 大树在进行回缩修剪时，最好在 7 月上旬前进行。

◆ 为了改善通风条件，经常采用疏枝修剪。

◆ 修剪在开花结束后立即进行。

修剪要点 ✂

修剪月历（月）
1
2
3
4
5
6 开花 修剪
7
8 花芽
9
10
11
12
（月）

夏 修剪
6 月中旬~
7 月上旬
✂

3 剪除树冠上的突出枝

该树生长缓慢，即使不进行特别的管理也能形成完整的自然树冠。如果从树冠上部长出突出枝，在花期结束后，尽早地从树冠内部枝条上留 3~6 片叶进行回缩修剪。

4 疏剪拥挤枝、交叉枝

该树并不需要枝条密生，拥挤枝、交叉枝、丛枝等都要从基部剪除，以保证树体内通风、透光。

5 剪除无用枝

徒长枝、分蘗枝、内膛枝等无用枝（参见第 25 页）都要从基部剪除。

花芽分化
在春季新梢生长的同时，花芽分化形成花蕾并在当年开花。夏季，花期后生长的枝条上分化的花芽，在第 2 年开花。

1 花期结束后立即修剪

结果实的花枝第 2 年不会开花，要想第 2 年开花，花期结束后马上进行修剪。修剪枝条时要在叶节的上部（保留叶子）进行。

(X) 在叶间修剪，枝条容易枯死。

2 回缩修剪在 7 月上旬之前进行

如果树体过大，即使还在开花，7 月上旬之前也要进行回缩修剪（参见第 26 页），让其变成小型树形。长势强的枝条要从基部剪除。

\完成/

叶茂密旺盛，整体有一种圆形自然的感觉。

树冠的表面均匀地开满花朵。

麻叶绣线菊
（粉花绣线菊）

开很多小白花，花形成半圆形，就像古代踢的毽球一样。

基本资料

科属	蔷薇科绣线菊属
类型	落叶阔叶树
树形	株直立型
树高	1.5 米

修剪要点 ✂

◆ 冬季的修剪仅限于拥挤枝、交叉枝等无用枝的修剪整理。过高的枝条在分枝处剪除。

◆ 从地面上部剪除所有的枝条进行植株更新，每4~5年一次。

* 粉花绣线菊品种在花期结束后进行强修剪，约1.5个月后会再次开花。

修剪月历（月）

	月
修剪	1
	2
	3
开花	4
	5
修剪	6
	7
	8
	9
花芽	10
	11
修剪	12

（月）

夏
修剪
6月 ✂

1 剪除无用枝

下垂枝、枯枝及突出树冠、影响树形的无用枝（参见第 25 页），都要进行修剪整理。枝条修剪时，要从基部全部剪除。

2 着花的枝条要回缩修剪

产生很多花的枝条，要在发生新枝的分枝处进行回缩修剪。

3 整理老枝

植株大了之后，要将老枝从基部剪除，保证植株通风良好。

花芽分化 当年生长的枝条不能开花。在当年生长枝条的叶基部，秋季形成花芽，第 2 年开花。

1 冬季适当整理

在冬季枝条上着生着花芽，如果进行强修剪，第 2 年不会开花，只需要对拥挤枝、交叉枝等无用枝进行适当的处理。

2 过高的枝回缩修剪

高出树冠很高的枝要在分枝处进行剪除。

3 新株更新

枝条老化、花量减少，第 4~5 年要更新 1 次，从地面以上剪除所有的枝条，使新枝萌发，起到更新换代的作用。

4 无用枝从基部剪除

徒长枝、下垂枝等无用枝要从基部全部剪除。

\ 完成 /

没有无用的枝条。

树木健康生长的状态。

樱花

在庭院中栽植的主要是美人樱、天女樱、豆樱（富士樱）等小型樱花树种。

基本资料

科属	蔷薇科樱花属
类型	落叶阔叶树
树形	干直立型
树高	2~15 米

★ 由于修剪方法不同，会导致病原菌侵入，出现枯枝，这点要注意。

修剪要点

◆ 剪除拥挤枝、交叉枝，做好树冠内的光照和通风管理。

◆ 从幼树开始就要勤修剪，保证树长大时有一个完整的树形。

◆ 保留枝条基部长出的膨胀物（枝基瘤）后进行修剪。

修剪月历（月）

月	开花	修剪	花芽
1			
2			
3	开花		
4			
5		修剪	
6		修剪	
7			花芽
8			花芽
9			
10	开花		
11	开花	修剪	
12			

（月）

1 剪除无用枝

剪除徒长枝、细枯枝，以保证树冠内的光照和通风。

2 剪除萌芽枝

树干上生长的萌芽枝等要剪除，以保证养分、水分供应树冠部分生长。

花芽分化

7 月~8 月中旬，在开花后生长出的短枝前端形成花芽，第 2 年春季开花。长枝一般不开花。

枝基瘤

1 剪除无用枝

下垂枝、直立枝、分蘖枝、徒长枝等无用枝（参见第25页）全部剪除。修剪的时候要保留枝条基部的膨胀物（枝基瘤），在这之上进行剪切。枝基瘤是防止病原菌侵入的组织细胞，具有愈合剂的作用，能使伤口很快愈合。

2 剪除长枝

长枝在分枝处修剪。从长枝上分出的短枝的基部开始留4~6个芽，在外芽（参见第24页）的上侧修剪，留下的芽可以分化出花芽。

3 树枝更新

老树枝及粗树枝要从基部剪除，让其发出新枝进行更新。

✕

从枝条基部过长处进行修剪，也会引起病原菌侵入，使枝条枯死。

✕

如果从枝基瘤处开始剪切，病原菌会从伤口侵入，造成枝条枯死。

| 完成 |

枝条分布均匀。

每根枝条上都开满了花。

茶梅

耐阴树种，可以作为绿篱使用。茶梅中有一种叫寒山茶的品种。

基本资料

科属	山茶科山茶属
类型	常绿阔叶树
树形	干直立型
树高	1~5 米

修剪要点 ✂

◆ 花期结束后应该尽早修剪，由于寒冷影响伤口愈合，最好在春季修剪。

◆ 强修剪后容易促进花芽分化，所以可以用修枝剪进行修剪。

◆ 剪除无用枝，保证树冠内通风、透光。

★ 寒山茶由于是冬季开花，花期结束后因为气温太低而不能立即修剪，等到气温有所回升的 3 月下旬再进行修剪。

修剪月历（月）

月	
1	开花
2	
3	修剪
4	
5	
6	修剪
7	花芽
8	
9	
10	开花
11	
12	

（月）

4 可以用修枝剪修剪

每年进行强修剪可以促进芽的萌发，所以用修枝剪进行修剪很方便，也可以修剪成各种形状的绿篱。

2 剪除老枝、枯枝

经过多年生长的粗枝不能分化出花芽，粗枝、突出树冠的枝应从树冠内部枝条的基部剪除，这样分化花芽的枝条就会增加。

花芽分化

7 月~8 月上旬，在开花后生长出来的枝条前端分化花芽。茶梅是在花芽分化的当年秋冬季开花。

春 修剪
3 月下旬~
4 月上旬 ✂

夏 修剪
5 月中旬~
6 月 ✂

3 剪除无用枝

徒长枝、拥挤枝、老枝、内向枝、交叉枝等无用枝（参见第25页）要剪除，以保证树冠内部通风、透光。

1 开花的枝条留叶修剪

花期结束后应当立即进行修剪，开花后的枝条留下3~5片叶子进行修剪，到了春季在叶腋处长出2~3个新梢并分化出花芽。

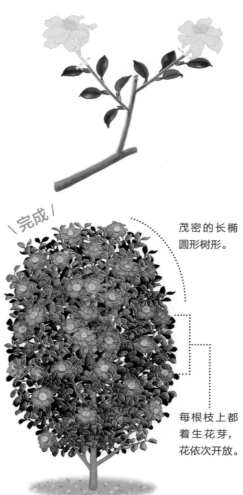

|完成|

茂密的长椭圆形树形。

每根枝上都着生花芽，花依次开放。

紫薇

花期长、从夏季延续到初秋，鲜艳的粉红色花、白色花逐次开放。

基本资料

科属	千屈菜科紫薇属
类型	落叶阔叶树
树形	干直立型
树高	1~7米

★ 最好选择不太高的小型品种，容易管理。

修剪要点 ✂

◆ 按照庭院的大小及个人的喜好，树干到一定的高度对其进行摘心，形成一定的直立树形。

◆ 有每年在同样的地方进行修剪和自然树形修剪两种方法。

◆ 每年连续在同一个地方进行修剪形成疙瘩状的丛枝，几年后要进行回缩修剪。

修剪月历（月）

月	
1	
2	
3	修剪
4	
5	
6	
7	开花
8	
9	
10	修剪
11	
12	

（月）

1 整理树形

高于树冠的突出枝要从基部剪除，以整理树形。

2 清理无用枝

徒长枝、萌芽枝、内膛枝等无用枝（参见第25页）全部剪除，保证树冠内的光照和通风。

3 剪除下部萌芽枝

从主干下部萌发的枝条，对树形有较大的影响，所以应当剪除。

花蕾形成　花芽在春季萌发的新枝顶端产生，当年形成花蕾并在当年逐次开花。

2 每年在同样的位置修剪

对于老枝，每年在同样的位置进行修剪，这样能保持完整的树形，正常开花。

1 剪除上一年的开花枝

在上一年开花的枝条中部进行修剪，可促进新枝萌发，新枝的前端分化出花芽并能在当年开花。

\ 完成 /

树木整体开花。

3 剪除无用枝

分蘖枝、萌芽枝、交叉枝、内膛枝等无用枝要全部剪除。

4 几年一次将丛枝凸起的部分剪掉

如果每年在同样的部位修剪，这个部位就会产生丛枝凸起，几年后一次性在丛枝凸起部位的下方、芽的上方修剪。

树木长势强壮，新梢（新枝）萌发后分化出花芽并形成大的花序。

高山杜鹃

形成漏斗形的呈球状的花序，在庭院中种植会给人一种豪华的感觉。

基本资料

科属	杜鹃科杜鹃属
类型	常绿阔叶树
树形	干直立型、株直立型
树高	1~5米

★品种多、树高高不一样的类型也多，要根据庭院的大小选择适宜的品种。

修剪要点 ✂

◆剪除花梗、疏蕾，能促进新梢生长。

◆即使放任其生长树形也不会产生混乱。

◆尽量不要让其长成大树，如果有分枝，把小枝留下进行培育。

◆即使放任其生长树形也不会产生混乱，所以只要把一些无关的枝条剪除就可以了。

修剪月历（月）

月	
1	疏蕾
2	
3	
4	
5	修剪 / 开花
6	花芽
7	
8	
9	
10	
11	
12	疏蕾

（月）

夏
修剪

4月中旬～
6月
✂

2 剪除无用枝

即使放任其生长对树形的影响也不大，修剪主要是将障碍枝、徒长枝、枯枝等影响树形的枝条从基部剪除。

✕ 从枝条中间剪容易造成枝条枯死。

3 留下小枝

在分枝部位要留下小枝、剪除大枝，防止植株长成大树。

花芽分化

在开花期开始伸长的新梢前端分化花芽。如果不摘除花梗，新梢生长缓慢，就不能形成花芽。

1 摘去花梗

在开花期新梢伸长，如果不摘掉一些花梗，新梢萌发就迟，花芽就不能分化，所以为了第2年的花芽分化，要从花茎基部剪除。

通过疏蕾促进开花

12月～第2年3月

在冬季把中间的花蕾摘掉（疏蕾），在此处发出新枝会形成第2年的花芽。摘除全树一半左右的花蕾可控制花量，开花的效果最好。

枝条向四个方向均衡伸长，形成良好的树形。

|完成|

控制花量，保持每年都能有稳定的花量。

4 摘芽

在枝的顶端有4个芽，要摘除其中的顶芽（中央芽），让其他的腋芽生长伸长，保持树形的均衡。

齿叶溲疏

和梅花相似，4 枚花瓣、具有芳香气味，开花量大。

基本资料

科属	虎耳草科溲疏属
类型	落叶阔叶树
树形	干直立型
树高	1~2 米

★日本也有其他溲疏品种，但栽培较多的是齿叶溲疏。

修剪要点 ✂

◆如果树体整体生长过大，要剪除所有的枝条进行更新。

◆老枝不分化花芽，所以要从植株基部剪除。

◆冬季是看不清花芽着生位置的时期，可采用弱修剪的方法。

修剪月历（月）

修剪月历	月
修剪	1
	2
	3
	4
开花	5
修剪	6
花芽	7
	8
	9
	10
	11
修剪	12

（月）

夏
修剪

5 月中旬~
6 月
✂

1 剪除影响树形的枝条

徒长枝、拥挤枝、内膛枝、直立枝等无用枝（参见第 25 页），以及伸出树冠的枝都要从基部剪除，以保证树形的整齐。

2 老枝要从植株基部剪除

4~5 年的老枝不容易分化出花芽，应该用新枝进行更新。

3 过大的植株要更新

如果植株过大，应从距根部 20~30 厘米处剪除所有的枝条，第 2 年新枝伸长但不能开花，这是为了修正树形。

花芽分化

7 月~8 月上旬，在当年生长枝条的叶基部分化花芽，第 2 年从此处长出的短枝上开花。

冬
修剪

12月~
第2年2月

✂

1 仅限于弱修剪

这个时期不知道花芽着生在哪个部位，为了不剪掉花芽，尽量在长枝、拥挤枝处进行回缩的弱修剪。

3 更新植株

枝条过多时，要从枝基部剪除老枝，更新植株。

2 整形树冠

伸出树冠外的枝要从内部的枝基部剪除，以整理树形。

没有伸出树冠外很高的枝，保持均衡稳定的树冠。

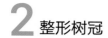

植株开满了花。

杜鹃（映山红）

久留米杜鹃、紫杜鹃、映山红等常绿品种都可以用修枝剪修剪。

基本资料

科属　杜鹃花科杜鹃花属
类型　常绿阔叶树
树形　干直立型
树高　1～4米

★杜鹃也有落叶品种，落叶品种的修剪参考三叶杜鹃修剪法（参见第106页）。

修剪要点

● 常绿的杜鹃强修剪后容易发出新芽，所以可以用修枝剪进行修剪。

● 如果不摘去花梗，新芽会发育迟缓，花芽难以分化。

● 下垂枝、老枝、徒长枝、影响树形的枝条等都要从基部剪除。

修剪月历（月）	
	1
	2
	3
开花	4
	5
修剪	6
花芽	7
	8
	9
	10
	11
	12
	（月）

夏 修剪

5月中旬～6月

用长柄修枝剪修剪

3 剪除从树冠伸出的枝

从树冠伸出来的长枝要剪除。如果是徒长枝，要从基部剪除。

4 强修剪矫正树形

常绿的杜鹃进行强修剪，花芽能分化开花，但是如果通过强修剪矫正树形使其矮化，过度地修剪也会使第2年不能开花。

花芽分化

在开花后生长的新梢顶端，7月～8月中旬形成花芽。从新梢成熟到花芽分化完成需要1.5个月。

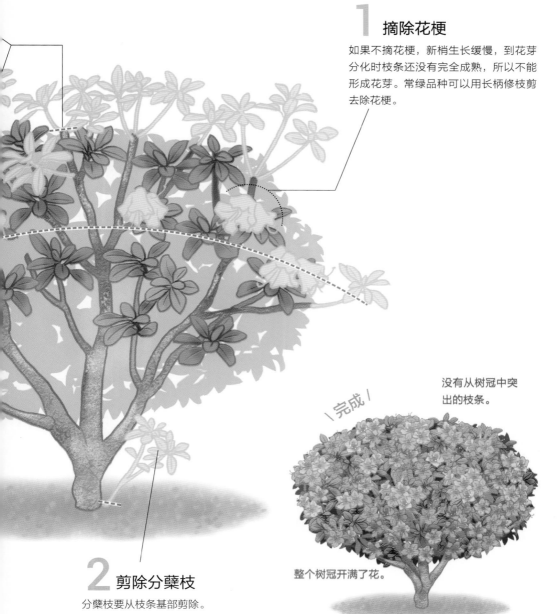

1 摘除花梗

如果不摘花梗，新梢生长缓慢，到花芽分化时枝条还没有完全成熟，所以不能形成花芽。常绿品种可以用长柄修枝剪去除花梗。

没有从树冠中突出的枝条。

|完成|

2 剪除分蘖枝

分蘖枝要从枝条基部剪除。

整个树冠开满了花。

夏
修剪

5月中旬~
6月

自然树形

2 摘除花梗

如果不摘除花梗，新梢会生长缓慢，甚至到形成花芽时枝条还没有完全成熟，第2年便不能开花。

3 剪枝透光

枝条着生密集的地方，留下2~3根，其余的全部剪除，这样能增加树体内通风、透光。不要的枝条要从基部剪除。

1 剪除无用枝

下垂枝、枯枝、徒长枝、影响树形的枝条等无用枝（参见第 25 页）都要剪除，修剪时要从基部剪除。

在自然树形的情况下，如果从枝条中部修剪，外形会很难看。

花在顶端集中盛开。

╲完成╱

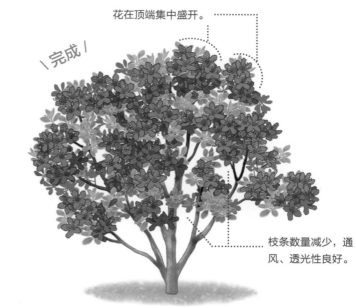

枝条数量减少，通风、透光性良好。

山茶

叶面有光泽，特性和山茶梅类似，园艺品种有很多。

基本资料

科属 山茶科山茶属
类型 常绿阔叶树
树形 干直立型
树高 1~5 米

★ 容易被茶毒蛾为害，接触皮肤会引起皮炎。注意叶子不能食用。

◆ 强修剪只能 5~6 年进行一次。

◆ 剪除拥挤枝使树冠内保持良好的通风、透光状况。

◆ 修剪最好在花期后立即进行，避开 4 月中旬~5 月上旬。

修剪要点 ✂

修剪月历（月）	
开花	1
	2
修剪	3
	4
	5
修剪	6
花芽	7
	8
	9
开花	10
	11
	12
	（月）

3 保持通风

拥挤枝、交叉枝从基部进行疏剪，使树冠内部保持通风、透光。

4 强修剪 5~6 年 1 次

树木长得过大时，如果要想使树体矮化，可以进行强修剪，但限于 5~6 年进行 1 次。在枝条进行强修剪的时候，枝条的基部一定要保留 1~2 片叶子。

叶芽

开过花的枝　　　　没有开过花的枝

1 一般枝条是留下芽后剪除

花芽一般生长在枝的前端。开过花的枝条从枝基部向上留 2~3 个叶芽、从外芽（参见第 24 页）的上部剪除。没有开过花的枝条从枝基部向上留 3~4 个叶芽、从外芽的上部剪除。

2 无用枝从基部剪除

突出树冠的徒长枝、直立枝、内向枝、内膛枝等无用枝（参见第 25 页）要从基部剪除。

保持通风、透光的树冠。

\完成/

整棵树都着生花芽，逐次开放。

花芽
分化

7 月 ~8 月上旬，在开花后生长出的新枝前端分化花芽。通过修剪，新枝增多，花的数量也会增加。

亚洲络石（初雪藤）

开甘甜、芳香的小白花，叶子在秋季为红色，可作为景观进行观赏。

基本资料

科属　夹竹桃科络石属
类型　常绿阔叶树
树形　攀缘型
树高　藤长 5~10 米

★相似的攀缘型初雪藤也是一样的修剪方法。

◆从地表生长出来的枝条要从基部剪除。

◆要确定藤伸长的高度和长度，伸长过长时要进行回缩修剪。

◆由于生长旺盛需要每年修剪，保持一定的大小。

修剪要点 ✂

修剪月历（月）	
1	
2	
3	
4	
5	开花 修剪
6	
7	花芽
8	
9	
10	
11	
12	
（月）	

夏
修剪
5 月中旬~
6 月
✂

3 剪除下枝

栅栏、墙体等平面作为攀缘物体的时候，保留 2~3 根主干，用 1~2 根竹竿支撑作为攀缘物，使枝条容易攀缘上去。下部的枝条全部剪除。

花芽分化　在当年生长的新枝前端分化花芽，7 月~8 月中旬形成的花芽，第 2 年开花。

2 剪除超过树冠的枝

枝条长势强，如果任其生长，会不断攀缘伸长，超过树冠的枝条要回缩修剪，枯枝、细枝要剪除，修剪枝条时要保留部分叶子。

1 侧枝的整理

整理从主枝横向生长出的侧枝，能控制树体的大小，修剪侧枝时要从枝基部向上留2~3片叶子开始剪除，这样能增加产生花芽的新枝。

\ 完成 /

着生的伞房花序优美地覆盖了枝的顶端。

进行适当的枝条整理使冠体不太密。

吊钟花

春观花、夏观绿、秋观叶、冬观枝，是一种四季有景的小乔木。

基本资料

科属	杜鹃花科吊钟花属
类型	落叶阔叶树
树形	干直立型
树高	藤长 1~3 米

★ 如果任其生长，会形成树形混乱，至少应当在每年冬季修剪一次。

修剪要点 ✂

◆ 夏修剪在开花后立即进行，整理无用枝，剪除花梗。

◆ 自然树形的情况下，保留细枝使树形有一种柔和的感觉。

◆ 用长柄修枝剪进行树形修剪时，安排在冬季落叶期进行。

修剪月历（月）

月	修剪月历
1	修剪
2	修剪
3	修剪
4	开花
5	开花
6	修剪
7	花芽
8	
9	
10	
11	修剪
12	修剪

（月）

夏 修剪

5 月中旬~6 月 ✂

1 开花后剪除无用枝

修剪要在开花后尽早进行。生长较长的枝条要从基部剪除。从基部剪除后可以增加树冠内部的光照，促进内部的枝叶生长。

2 用长柄修枝剪修剪时将花梗一起剪除

用长柄修枝剪进行绿篱、球形树冠修剪时（参见第 28 页），在开花后尽早连花梗一起剪除，这个时候修剪容易发出新芽，到秋季可以观赏到美丽的红叶。

花芽分化 当年生长的枝条顶端在 7 月~8 月中旬产生花芽，第 2 年开花。

冬
修剪

11月~
第2年3月

1 整理无用枝

徒长枝、内向枝、突出树冠枝等要从基部剪除。枝条拥挤交叉时要进行疏枝。保留细枝可以使树形看上去温柔苗条。

2 剪除粗枝

与剪除细枝相比，剪除粗枝相对省工省力。观察整体树形枝条的方向，对粗枝进行修剪整理。粗枝要从基部开始修剪，以保证树冠内通风、透光。

3 用长柄修枝剪修剪时应在上一年修剪枝的外侧

用长柄修枝剪修剪，首先应剪除突出树冠的粗枝，从冠内的位置剪除（参见第29页），然后在上一年修剪的位置向上1~2厘米的外侧处进行修剪，形成完整的树形。

\完成/

感觉到轻松柔软
氛围的树形。

4 剪除切口醒目的枝

用长柄修枝剪会留下粗枝的切口，影响冠型。为了使切口不显露，应从基部剪除。

花均匀地在树体
上开放。

檵木

细绳带状的花瓣是花的一个特征，初夏时节开满了整个树冠。

基本资料

科属	金缕梅科檵木属
类型	常绿阔叶树
树形	干直立型
树高	3~6米

* 红花檵木的修剪方法相同。

夏修剪

5月中旬~
6月

冬修剪

10月中旬~
第2年1月

修剪要点

◆ 如果以观花为主，在花期结束后修剪。
◆ 修剪无用枝时一定要从枝条基部剪除。
◆ 长枝进行回缩修剪时，一定要留下几片叶子后修剪。

修剪月历（月）

		月
	修剪	1
		2
		3
		4
开花	修剪	5
		6
花芽		7
		8
		9
		10
	修剪	11
		12
		（月）

3 剪除无用枝

从树冠内部伸出的徒长枝、内向枝、萌芽枝等无用枝（参见第25页）要全部剪除，以保持树冠内通风、透光，需要修剪的枝条应从基部全部剪除。

4 回缩修剪长枝

长枝按照人们理想的树形要求进行回缩修剪，这种情况下要留下几片叶子，或者是在横向生长的枝条上部进行修剪。

5 修剪分蘖枝

从地上生长出的分蘖枝会和树木争夺养分、水分，所以任何时候都可以剪除。

花芽分化 当年生长的短枝在7月~8月中旬分化花芽，第2年开花。长枝上几乎不分化花芽。

1 摘心

自然树形、绿篱树形的修剪都要从幼树开始，按所要求的高度对主干进行摘心。

2 按增加分枝数进行修剪

摘心后，从下部横向生长的枝条保留 2~3 片叶后进行修剪，留下的枝条向周围扩展伸长。因为是留枝叶修剪的，所以分枝数会增加。

\完成/

枝条细而密生，平剪也不用费太多的人工。

长穗蜡瓣花
（响水木）

早春先开花后展叶，秋季可以观赏红叶。

基本资料

科属　金缕梅科蜡瓣花属
类型　落叶阔叶树
树形　干直立型
树高　2~3 米

＊树型小、开花好的响水木采用同样的修剪方法。

修剪要点 ✂

◆庭院较小的情况下，要剪除分蘖枝，保留 2~3 根作为主干。

◆枯枝、交叉枝、内向枝等无用枝要全部剪除。

◆徒长枝从基部向上保留 4~6 个芽后剪除。

修剪月历（月）

修剪月历	月
修剪	1
	2
开花	3
	4
	5
修剪	6
花芽	7
	8
	9
	10
修剪	11
	12

（月）

夏 修剪
5 月中旬~6 月
✂

1 剪除徒长枝

修剪徒长枝、突出树冠的枝时，要在枝条基部向上保留 4~6 个芽后剪除。保留的 4~6 个芽可以发出短枝并分化出花芽。

2 早摘果

如果挂果时间长，会影响第 2 年的花芽分化，所以应该尽早摘除果实。

3 剪除无用枝

分蘖枝、交叉枝、拥挤枝、内向枝等无用枝（参见第 25 页）应从基部剪除，保证树体内通风、透光。可以从枝基部进行疏剪，但不能用长柄修枝剪。

花芽分化

新生长的枝条在带叶的基部于 7 月~8 月中旬分化出花芽，徒长枝几乎不分化花芽。较长的芽是花芽，较小的芽是叶芽。

冬
修剪

11 月~
第 2 年 2 月

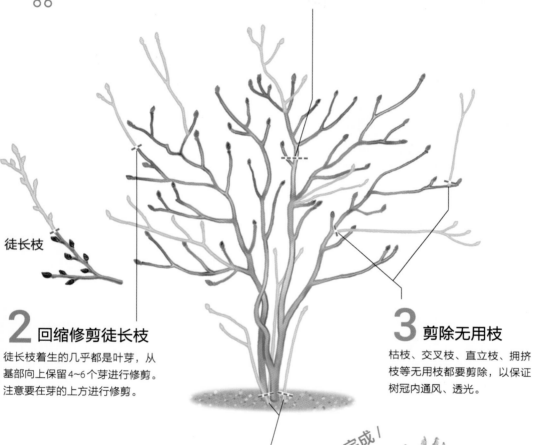

1 不想让树木长大可
以摘心（截头）

如果不想让树木长大、长高，可以
按要求的树高采取摘心的修剪方法，
可以在带有枝条的上部进行修剪。

徒长枝

2 回缩修剪徒长枝

徒长枝着生的几乎都是叶芽，从
基部向上保留4~6个芽进行修剪。
注意要在芽的上方进行修剪。

3 剪除无用枝

枯枝、交叉枝、直立枝、拥挤
枝等无用枝都要剪除，以保证
树冠内通风、透光。

4 整理主干

从根基部伸长的新枝，任其生
长会出现枝条交叉，应立即剪
除。在小庭院中，保留2~3根
主干，经过几年生长的老枝，
从主干基部剪除，用主干上新
长出的枝条整体更新。

|完成|

先展叶后开花，
枝叶也具有观赏
价值。

没有枯枝、影响
景观的枝，树形
整齐流畅。

日本紫茎
（红山紫茎）

日本紫茎和红山紫茎两者的花形相似，只是日本紫茎的花大。

基本资料

科属	山茶科紫茎属
类型	落叶阔叶树
树形	干直立型
树高	10~20 米

修剪要点 ✂

◆ 是一种自然树形的观赏型树种，不需要过分修剪。

◆ 修剪的时候，在分枝处从枝条的基部修剪。

◆ 小枝如果反复不断修剪，经过 7~8 年可能会枯死。

★ 红山紫茎耐修剪，所以从枝条的基部剪除也没有问题。

修剪月历（月）

	修剪	月
修剪	修剪	1
		2
		3
		4
		5
开花	修剪	6
花芽		7
		8
		9
		10
	修剪	11
		12
		（月）

夏
修剪
6 月
✂

1 剪除无用枝

修剪徒长枝、拥挤枝的时候，不要从枝的顶部修剪，应该从基部修剪。

3 老枝的修剪

枯枝、老枝应从基部修剪，促进萌发新枝。

2 整理主干

在株直立的情况下，要剪除分蘖枝，不要使主干生长太粗。主干老化后应从根基部剪除，用新枝生长出来的干作为主干进行更新。

花芽分化 在当年伸长枝条的叶腋中分化花芽。第 2 年在伸长的短枝上开花。

1 确认花芽

花芽着生在短枝上，尽量不要剪掉花芽，要在确认花芽后进行修剪。

2 剪除无用枝

如果不断地剪除细枝，在 7~8 年后树木整体会枯死。无用枝（参见第 25 页）要在枝的基部剪除，如果在枝中部修剪，枝条会枯死。

3 剪除横向突出生长的枝

紫茎有横向生长的特性，放任其生长会向横向扩展。为了使其不过多地横向生长，横向伸长出来的枝条要从树冠内部分枝处剪除。

4 剪除根基部的小枝

为了保持树形美观，从根基部生长出的枝条要全部剪除。

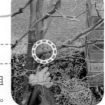

在切除主干上生长的粗枝时，切口要涂保护剂。

5 摘心在主干不是太粗时进行

该树生长速度快，可以长得很高。要控制树高就要在树干不是太粗太高时进行摘心，以控制高度。太高的树干要从地表基部剪除，在新生长的主干上反复修剪以控制树高。

完成

细枝亮丽，人们能观赏到冠内的枝条。

没有无用的枝条，树膛内通风、透光。

凌霄

树蔓藤产生气根，攀附缠绕于其他物体上，春夏季开出鲜艳的花。

基本资料

科属	紫葳科凌霄属
类型	落叶阔叶树
树形	攀缘型
树高	攀缘长 5~6 米

★ 如果藤向上或是横向伸长，便不能形成花芽，所以藤的前端要培育成向下伸长。

修剪要点 ✂

- 秋修剪主要剪除拥挤枝，使树冠通透。
- 春修剪按照自己的要求和想法进行枝叶紧凑修剪，保持树体均衡、枝条伸长。
- 发出的分蘖枝随时剪除。

修剪月历（月）	
1	
2	
3	修剪
4	
5	
6	
7	开花
8	
9	修剪
10	
11	
12	
（月）	

秋
修剪

9月～
10月中旬

✂

1 枝叶通透

花蕾在新梢上形成，所以在哪个地方修剪都没关系。拥挤枝、交叉枝、突出枝应当从基部剪除，保证树体通风、树冠中枝叶通透。

2 摘花梗

开花结束后如果保留花梗，既影响树体美观，也容易引起病虫害的发生，所以花期结束后应当及时摘去花梗。

花蕾
形成

当年伸长的枝条前端花芽分化形成的花蕾，当年开花。横向枝、向上枝不能进行花芽分化形成花蕾，下垂的枝能形成花芽。

1 回缩修剪
上一年的枝条

在展叶之前，上一年伸长的枝条要进行强回缩修剪，修剪时在近枝基部、发芽部位以上修剪。即使认为修剪过度了，但是新的攀缘枝会不断生长出来，还是会变得丛生繁茂。

2 枝条多时可保留
2~3 个芽修剪

长出很多新枝的时候，从枝基部向上保留2~3个芽进行修剪。

3 剪除下枝

从地上产生的分蘖枝、藤的中部生长的萌芽枝，除了用于更新藤的枝以外，其他的全部剪除。

4 按规范的做法作业

枝不垂下来是不能分化花芽开花的，所以最好要用一根粗杆等工具直立起来，按标准使其攀缘上去。留下上部的藤枝，中下部位的藤枝要剪除。

完成

攀缘枝下垂、分化花芽，能连续不断开花。

剪除下部的枝条后，看上去流畅清爽。

胡枝子

秋季的"七草"之一，开满小花，枝条伸长后呈下垂状态。

基本资料

科属	豆科胡枝子属
类型	落叶阔叶树
树形	株直立型
树高	1.5~3 米

★花芽分化是在冬季且在地上部位保留的活枝条上进行，枯枝上不能进行花芽分化。

植株相互混杂交叉时，要在落叶期挖出部分植株、进行分株。

如果夏修剪晚，花就不能开放，一定要在 5 月底之前完成修剪。

冬季落叶的种类，在落叶后从基部剪除枝条。

修剪要点 ✂

修剪月历（月）

月	
1	修剪
2	修剪
3	修剪
4	
5	开花 / 修剪
6	开花 / 花芽
7	
8	
9	
10	
11	
12	修剪

（月）

1 一半回缩修剪

枝条整体一半高度进行回缩修剪。修剪时要在带叶部分以上修剪。要想树形一下变小，可以在根部以上留 5~6 节进行修剪。如果修剪时期过迟，花芽不能分化，当年也不能开花。

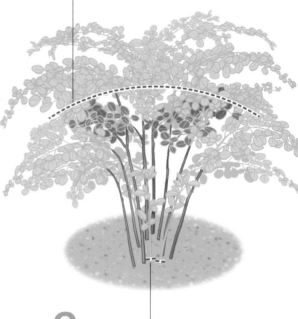

2 拥挤交叉部分要疏枝

对于植株内拥挤、交叉的植株，要把细小的枝从基部剪除，粗的枝条也可以从中部剪除，减少枝数，保证树体内部的通风、透光。

花芽分化

春季开始伸长的枝条上，从中部到顶端、在叶腋处分化出花芽，并且当年开花。

1 根部附近平剪

对于冬季地上部分的枝条枯死
的种类，于冬季休眠期，从距
地上根部 10 厘米左右处全部
剪除，让其在第 2 年春季发出
新枝。

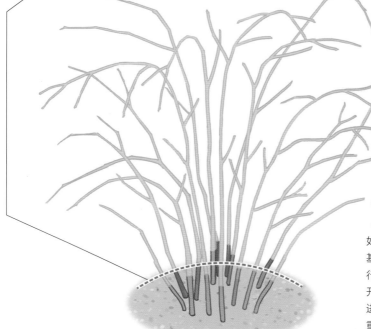

2 大植株可以进行分株

如果株直立的枝过多，从根
基部平剪后，挖起部分根进
行分株。在植株的纵向进行
开挖，从根部用小铲刀挖入
进行分株。分出来的植株在
重新种植时，在庭院土中要
加入营养土和腐殖土，栽植
后要浇足水。

3 地上部分没有枯枝的种类进行枝条整理

对于绿叶胡枝子等即使在冬季地上部分也不
会枯枝的品种，在冬季也要把部分枯死枝、
老枝、拥挤枝、交叉枝等都从基部剪除，使
树冠内通透。留下的枝条各自按照一半的标
准、适宜的高度进行回缩修剪。修剪的时候
要在带叶部分以上进行修剪。

新伸长的、数量多的
枝条呈拱形下垂，树
冠隆起繁茂。

\完成/

花从枝条的中部直
到枝顶部，长时间
慢慢地盛开。

多花梾木（四照花）

开白色或粉红色花瓣，非常漂亮。红色的叶子、红色的果实极具观赏性。

基本资料

科属	山茱萸科梾木属
类型	落叶阔叶树
树形	干直立型
树高	4~10 米

修剪要点 ✂

修剪月历（月）

修剪月历（月）		
	修剪	1
		2
		3
		4
开花	修剪	5
		6
花芽		7
		8
		9
		10
	修剪	11
		12
		（月）

夏季对无用枝、分蘖枝等进行适当修剪就可以了。
在小型庭院中树高不宜太高，到达一定高度时要进行主干摘心。
长成成年树木时，枝的前端会下垂，所以要对枝条进行回缩修剪。

※ 梾木属的四照花修剪方式也与其一样，最近最常绿型的中国的香港四照花非常受欢迎。

夏
修剪

5月中旬～
6月
✂

1 整理无用枝

当枝条出现混乱的情况时，要对拥挤枝、直立枝等无用枝（参见第 25 页）进行剪除，由于该树长势较弱，任其自然生长时树形还是很紧凑的，所以夏季即使不修剪也没有问题。

2 剪除枯枝

枯枝要从基部剪除。

花芽
分化

在当年伸长的短枝前端分化花芽，伸长较长的徒长枝上不能形成花芽。

冬
修剪

11月~
第2年**3**月

1 摘心

一般在庭院中高度达 3 米左右时就应该摘心，使主干停止向上生长。要在有粗枝发出地方以上修剪。摘心应该在主干不太粗的树木幼龄期进行。

2 剪除徒长枝

生长过长的枝条在其前端不能形成花芽，应该在分枝处进行剪除。

3 修剪横向伸长的枝条

横向伸长的枝条、向上伸长的枝条，要在分枝处修剪。修剪要按照从树冠的上部向下的顺序进行，保持树冠整体形成圆锥形。

4 枝条拥挤交叉处应当交替剪除

枝条拥挤交叉处，相互对生伸长的枝条，要有保留不同方向伸长枝条的意识进行修剪，以保持树冠的均衡。

5 剪除无用枝

分蘖枝、枯枝、直立枝、交叉枝等无用枝都要剪除，剪除无用枝时一定要从枝基部剪除。

控制树高后，能够观赏到向上开着的花。

完成

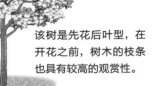

该树是先花后叶型，在开花之前，树木的枝条也具有较高的观赏性。

蔷薇（玫瑰、月季）

蔷薇有各种各样的分类法，品种很多，修剪时首先要确定树形的类型。

基本资料

科属	蔷薇科蔷薇属
类型	常绿阔叶树
树形	株直立型、攀缘型
树高	1~10 米

蔷薇的种类

按蔷薇的树形可以分为直立型、半直立型和攀缘型（原种系统品种）3种，夏修剪方法大致是相同的。冬修剪根据树形，修剪方法和修剪要求不同而不一样。在此，把大多数蔷薇共同的夏修剪方法、每个树形的冬修剪方法、原种系统的蔷薇修剪方法进行介绍。

修剪月历（月）

修剪月历	月
修剪	1
修剪	2
	3
	4
开花	5
开花	6
花芽	7
修剪	8
修剪	9
	10
	11
修剪	12

（月）

夏修剪要点 ✂

◆ 对于四季开花的品种需要进行修剪，这是为了调整至秋季开花。
◆ 伸长比较高的枝条，应进行高位修剪。
◆ 这个时期长出的新芽要用手进行摘除。
◆ 叶量比较少的植株树势相对较弱，不要进行夏修剪。
◆ 修剪叶量多、长势强的植株。

冬修剪要点 ✂

直立型蔷薇

直立型蔷薇是不用支柱进行支撑就能自己直立的株直立型品种，基本上四季都能开花。

◆ 长植株缩剪 1/2~2/3 高度。
◆ 老枝不能着花，应当从基部剪除。
◆ 保留上一年开花后的枝条及颜色变红的枝条。

半直立型蔷薇

枝条柔软、自由伸展的半直立型蔷薇类型。根据修剪方法不同可以形成直立型，也可以形成攀缘型。

◆ 四季开花型和多次开花型品种的修剪不一样。
◆ 一季开花的品种枝条很低，不要过度修剪，只要剪除无用枝。
◆ 保留上一年开花后的枝条及颜色变红的枝条。

攀缘型蔷薇

新枝（新的强势枝）萌发少的品种需要一直牵引。新枝容易萌发的品种在修剪时，按照藤蔓生长方向进行牵引。

◆ 老枝、枯枝要剪除，防止叶子茂密时水分蒸发量过大。
◆ 着花的枝条保留 2~3 个节后剪除。
◆ 新枝要横向并下垂牵引。

原种和古典玫瑰

蔷薇原种在世界上有 150 多种，古典玫瑰是对 1867 年之前培育品种的总称。

◆ 一季开花的古典玫瑰，每 3 年修剪 1 次。
◆ 剪除倒向地面的枝条，枝的前端不要修剪，让其自然生长。
◆ 四季开花的古典玫瑰和直立型玫瑰的修剪方法一样。

花芽分化　在春季伸长的枝条前端 7~8 月分化花芽。第 2 年春季新梢生长开花。四季开花品种、多次开花品种，如果剪除开花枝，从切口下面的叶腋处伸出的新枝前端会开花。

2 剪除开花 2~3 次的枝

已开花 2~3 次的枝要结合整体树高进行回缩修剪，不要在过低的位置进行修剪。为了防止树势衰弱，对于结果实的枝条要及时摘除果实。

1 剪除突出较高的枝

突出较高的枝条，在枝条前端的 1/4~1/3 位置，在芽的上面回缩修剪。

3 摘芽

秋季开的花是在秋季分化的花芽上展开的，这个时期发出的新芽要摘除。通常芽都是在枝的前端产生，所以用手摘除就可以了。在枝的中间产生的膨胀芽，要在芽的下面剪除枝条。

| 完成 |

4 为了增加树体 透光性而进行修剪

从正面观察植株，按前低后高的标准进行修剪；再从四面观察，按外侧低中心部高的标准进行修剪。这样整个植株通风透光性好、观赏性也好。

没有拥挤枝、交叉枝，树冠流畅清爽。

没有老枝，花均匀地开放。

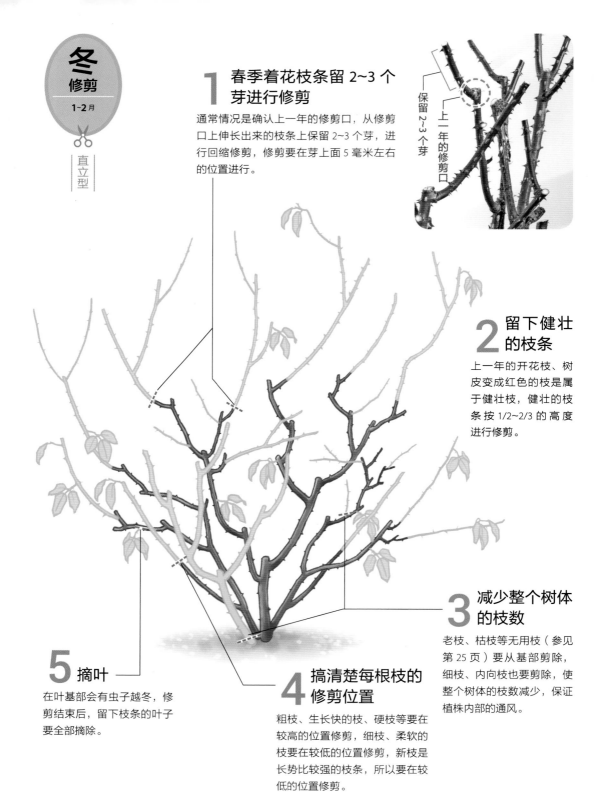

1 春季着花枝条留 2~3 个芽进行修剪

通常情况是确认上一年的修剪口，从修剪口上伸长出来的枝条上保留 2~3 个芽，进行回缩修剪，修剪要在芽上面 5 毫米左右的位置进行。

保留 2~3 个芽

上一年的修剪口

2 留下健壮的枝条

上一年的开花枝、树皮变成红色的枝是属于健壮枝，健壮的枝条按 1/2~2/3 的高度进行修剪。

3 减少整个树体的枝数

老枝、枯枝等无用枝（参见第 25 页）要从基部剪除，细枝、内向枝也要剪除，使整个树体的枝数减少，保证植株内部的通风。

5 摘叶

在叶基部会有虫子越冬，修剪结束后，留下枝条的叶子要全部摘除。

4 搞清楚每根枝的修剪位置

粗枝、生长快的枝、硬枝等要在较高的位置修剪，细枝、柔软的枝要在较低的位置修剪，新枝是长势比较强的枝条，所以要在较低的位置修剪。

冬
修剪
1~2 月

✂
半直立型

1 在 1/3~1/2 的高度修剪

四季开花和多次开花的品种，即使进行强修剪，新枝也会不断地伸长，所以可以按枝条高度的 1/3~1/2 进行修剪整理。如果想牵引到墙壁或是拱形门上，仅限于在枝的顶端适当修剪。

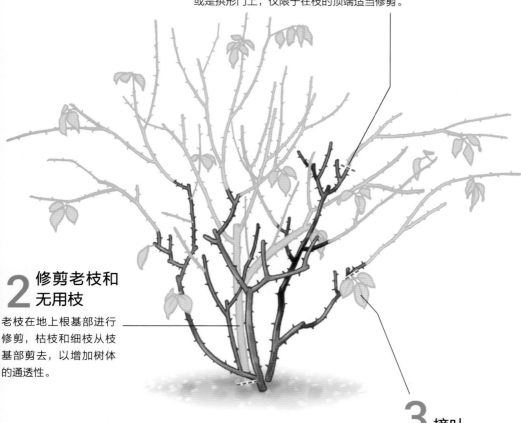

2 修剪老枝和无用枝

老枝在地上根基部进行修剪，枯枝和细枝从枝基部剪去，以增加树体的通透性。

3 摘叶

在叶基部会有虫子越冬，修剪结束后，留下枝条的叶子要全部摘除。

一季开花品种的修剪

一季开花的品种如果进行强修剪，开花就会变得困难，所以只能在枝条的前端 10~30 厘米处修剪。如果枝条伸长，可以用栅栏拱门或是栅栏壁进行牵引。另外，一次性开花、树木较高的品种，树的长势也强，也容易生长出新长枝，所以大的新枝要从地上萌发部位或是枝基部剪除。

3 枝前端的处理

枝条一定要向上牵引。枝的前端不一定要修剪，不耐寒的品种、未成熟的枝条前端容易枯死，所以在这种情况下，只能进行适当的弱修剪。

2 修剪花枝

开花的枝条，留 2~3 节后剪除枝的前端，以保持树形。如果保留长枝，开花时树形会不整齐。

1 修剪老枝和细枝

老枝、枯枝、长势弱的细枝要从基部剪除，减少枝叶繁茂时水分的蒸发。

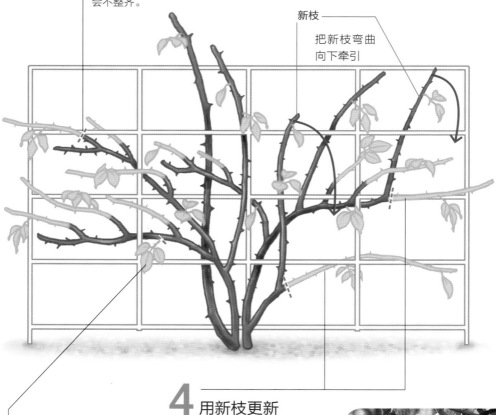

新枝

把新枝弯曲向下牵引

5 摘叶

在叶基部会有虫子越冬，修剪结束后，留下枝条的叶子要全部摘除。

4 用新枝更新

在长出新枝的情况下，长势弱的老枝应从根基部或是枝基部剪除，用新枝来进行更新，用于更新的新枝要向下牵引，但最好不要和老枝产生重叠。牵引的时候，枝条多的地方要进行适当的疏枝修剪，以保证树体通风、透光。

原种和古典玫瑰品种

1 不要剪枝的前端

枝的前端不要剪除，原封保留。

2 留下红色健壮的枝条

欲收获种子的玫瑰枝条，是在上一年生长的、红色健壮的枝条，所以红色健壮的枝条要保留。老枝尽可能剪除，保证树体通风、透光。

3 剪除伸长过长的枝条

伸长过长的枝条、拥挤交叉的枝条，要从枝基部留 2~3 节后剪除。

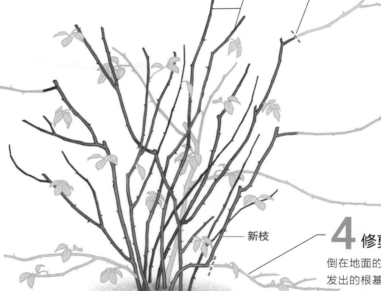

新枝

4 修剪倒下的枝条

倒在地面的老枝，应当从新枝发出的根基部附近修剪，用新枝来替代老枝进行更新。

和直立型蔷薇修剪方法相同的品种

波旁月季品种、月季的原种和直立型品种（参见第 94 页）修剪方式一样，在枝条 1/2~2/3 高度进行回缩修剪，以保证树体通风、透光。

紫藤

藤右卷曲是花序长且下垂的野田紫藤类型，藤左卷曲是花序短的山紫藤类型。

基本资料

科属	豆科紫藤属
类型	落叶阔叶树
树形	攀缘型
树高	藤长 3~5 米

★有野田紫藤、山紫藤等很多园艺品种，修剪方法基本上是一样的。

修剪要点 ✂

★夏修剪使树内光照充足，促进花芽分化。

★如果在 7~8 月进行修剪，秋季会疯狂开花，所以要等到 11 月中旬开始修剪。

★冬修剪时要注意保留花芽。

修剪月历（月）

月	修剪情况
1	修剪
2	修剪
3	
4	开花
5	开花
6	修剪
7	花芽
8	花芽
9	
10	
11	修剪
12	修剪

（月）

夏 修剪

5 月中旬~6 月 ✂

1 修剪直立枝

向上直立伸长的枝影响树冠的整齐性，应当从基部剪除。树冠内部的直立枝、内向枝也应该剪除，使阳光透入其中，促进花芽分化，达到开花的目的。

2 剪除长的攀缘枝

过长的攀缘枝在保留 5~6 个芽后剪除。如果在树冠深处修剪，会产生长势太强的藤枝条，从而影响花芽分化。

留下 5~6 个芽

3 交叉枝条

如果紫藤的枝条前端伸长，会连接到其他的物体上去，为了不与附近的植物相连接交叉，最好在前端打上结。如果修剪生长中的枝条，马上就会有长势更强的枝条萌发出来，这点需要注意。

花芽分化

在当年生长枝的叶腋处分化花芽，第 2 年春季开花。长藤枝条不能分化花芽。左图是夏季的花芽。

叶芽

花芽

1 保留花芽修剪

剪枝的时候，从枝的基部往上留 3~4 个芽后进行修剪，在短枝上着生花芽较多，尽量不要修剪。叶芽的特点是芽尖较尖，花芽比叶芽大、也比较圆且膨大。

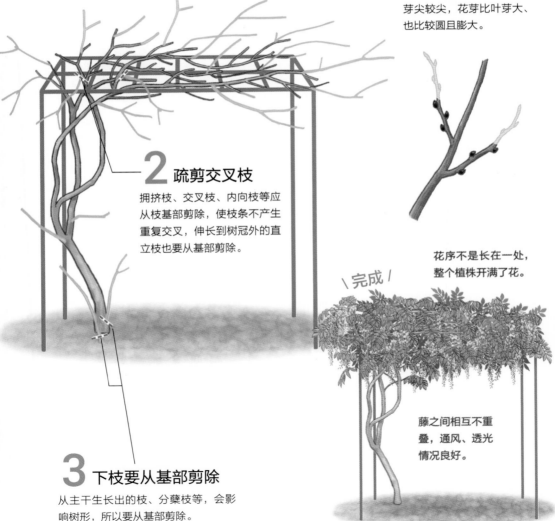

2 疏剪交叉枝

拥挤枝、交叉枝、内向枝等应从枝基部剪除，使枝条不产生重复交叉，伸长到树冠外的直立枝也要从基部剪除。

花序不是长在一处，整个植株开满了花。

\ 完成 /

藤之间相互不重叠，通风、透光情况良好。

3 下枝要从基部剪除

从主干生长出的枝、分蘖枝等，会影响树形，所以要从基部剪除。

海棠

从古代开始就利用海棠作为庭院观赏树木，花色不同的园艺品种很多。

基本资料

科属	蔷薇科木瓜属
类型	落叶阔叶树
树形	干直立型
树高	1~3 米

修剪要点 ✂

◆ 如果在没有叶芽的地方进行修剪，修剪处就不能萌发新枝，会造成枝条枯死。

◆ 徒长枝、伸长枝保留 5~6 个芽后，在芽的上方剪除。

◆ 如果树枝长得过高，可以根据自己喜欢的高度进行修剪后更新枝条。

★ 剪除分蘖枝，株直立的主干保留 6~7 根就可以了。

修剪月历（月）

月	
1	修剪
2	修剪
3	
4	开花
5	
6	修剪
7	花芽
8	
9	
10	修剪
11	修剪
12	

（月）

夏修剪

5 月中旬~6 月 ✂

1 剪除花梗

夏修剪在开花后进行。残留的花梗也要除去。

2 整理树形

分蘖枝、徒长枝、突出枝等要剪除，以保证树冠的整齐。

3 剪除无用枝

剪除直立枝、交叉枝等，保证树冠内有充足的阳光照射。

花芽分化

在 2 年生以上的短枝上分化花芽，第 2 年春季开花，有时也会在新枝顶端分化花芽。徒长枝不能形成花芽。

冬
修剪

10月中旬~
第2年2月

2 整理树形

如果任其生长，枝条能伸出很长，影响树形，所以每年要对突出树冠的枝条进行修剪，以保持树形。

1 剪除无用枝

内膛枝、细小枝、枯枝、交叉枝等无用枝（参见第25页）都要从基部剪除。

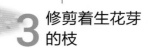

3 修剪着生花芽的枝

着生花芽的长枝，从基部开始留下5~6个芽进行修剪，修剪要在外芽上部进行，这样第2年小枝就会增多。

4 限制直立枝的数量

从地上很容易发出新枝，为了不让枝条交叉混乱，留下6~7根直立枝，其余的全部剪除。

5 树形太大时可以回缩修剪

如果树形过大，可以按照要求的高度进行回缩修剪，短枝可以在分枝处剪除。

\ 完成 /

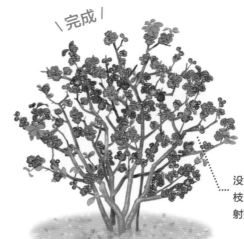

没有交叉重合枝，阳光能照射到树冠内部。

牡丹

具有独特风格和魅力的单生大花。也有冬季开花的寒牡丹品种。

基本资料

科属	芍药科芍药属
类型	落叶阔叶树
树形	株直立型
树高	1~2 米

修剪要点 ✂

◆ 修剪芽上方的老枝，整理树形。
◆ 要使树木矮化，可以在开花后留下芽的，摘去上部的芽。
◆ 落叶后在留下芽的上部进行枝条修剪，使树木矮化。

★ 以芍药为砧木的嫁接苗在种植后2~3年，如果不能自身生根，第7~8年就会枯死。

修剪月历（月）

月	寒牡丹	修剪
1		修剪
2		修剪
3		修剪
4	开花	
5	开花	
6		修剪
7	花芽	修剪（摘芽、摘花梗）
8	花芽	
9		
10		
11		修剪
12	开花	修剪

（月）

冬
修剪
11月~第2年
3月上旬
✂

1 剪除无用枝

细枝、内向枝、从地上生长出的砧木枝芽等，都要从基部全部剪除。如果有枯叶也要摘除。

2 剪除摘芽后的枝

为了保持树体不要太高，在夏季摘芽后的枝条上留下芽让 3 厘米的位置进行修剪。寒牡丹没有必要进行此项作业。

花芽
分化

在开花枝和新枝的叶腋处分化花芽，第 2 年春季芽伸长并在其前端开花。

夏 修剪

5月中旬~
6月

✂

2 摘芽

牡丹每年开花的位置会逐步提高，想要保持树高，在枝基部留 2~3 个芽，在其上方的芽要用镊子等摘下，叶子保留下来以促进留下的芽生长。

1 摘花梗

一旦开花结果后，就难以产生花芽分化，所以开花结束之后，要彻底从柄梗处摘去残花。

3 高枝进行回缩修剪

开花后，把过高的枝条按照要求的高度进行修剪，会在剩下的节上发芽、产生新枝条。

4 芍药的芽全部摘除

牡丹大多是以芍药作为砧木来进行嫁接的，砧木和植株周围常有芍药的枝芽萌发，要全部剪除。

在枝的前端产生大的花朵。

| 完成 |

枝条不重叠，通风、透光。

金缕梅

除了黄色花的金缕梅之外，还有中国金缕梅及其他杂交品种。

基本资料

科属	金缕梅科金缕梅属
类型	落叶阔叶树
树形	株直立型
树高	3~5 米

* 枝容易向横向伸长，空间有限的庭院要考虑横向枝条的修剪。

修剪要点 ✂

◆树势较强，能够长成大乔木，所以要通过每年修剪来控制树高。

◆开花后伸长的长枝，要在基部留下部分芽后修剪。

◆生长过大的树，在开花后对树干进行回缩强修剪。

修剪月历（月）

月	
1	修剪
2	
3	开花
4	
5	
6	修剪
7	花芽
8	
9	
10	
11	
12	修剪

（月）

1 剪除无用枝

拥挤枝、内向枝、突出树冠的枝等无用枝（参见第25页）都要剪除。

2 培育紧凑的树冠

过高的树木要培养成紧凑的树冠的时候，开花后要对主干按要求的高度进行回缩修剪。这里有小枝的部分也要进行修剪，以整理树形。

3 修剪分蘖枝

如果留下分蘖枝，会消耗养分和水分，发现之后就要剪除。

花芽
分化

7 月~8 月上旬在当年生长的短枝上分化花芽，第 2 年春季开花。徒长枝上不能分化花芽。

2 留下当年枝条上的芽进行修剪

当年生长的长枝，要保留基部的芽进行修剪。留下的芽长
成短枝，可增加着花数量。

3 修剪横向生长的枝条

伸出树冠横向生长的枝条，按回缩进树
冠的长度，在分枝处进行修剪。

1 修剪徒长枝以维持一定的树高

树势强时会向上生长出很多徒
长枝，应从基部剪除，维持一
定的树高。

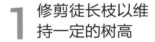

\完成/

先花后叶，
花朵盛开覆
盖着枝条。

剪除枯枝和
无用枝，能
欣赏到枝干
的美。

4 修剪无用枝

修剪交叉枝、直立枝、内向枝、
拥挤枝、分蘖枝等无用枝，使树
冠内部通风、透光。

三叶杜鹃

是一种落叶性的杜鹃，在光照不足的环境难以开花。

基本资料

科属	杜鹃花科杜鹃花属
类型	落叶阔叶树
树形	株直立型
树高	1~4米

★赤八汐杜鹃、白八汐杜鹃、大字杜鹃等落叶性的杜鹃都是同样的修剪方式。

修剪要点 ✂

◆落叶性的杜鹃萌芽力较弱，采用必要的最低限度的疏枝修剪。

◆夏季摘除花梗，不要妨碍新枝的生长。

◆注意冬修剪尽量不要剪掉花芽。

修剪月历（月）

修剪		月
	修剪	1
		2
		3
	开花	4
	修剪	5
	开花	6
	花芽	7
		8
		9
		10
	修剪	11
		12
		（月）

三叶杜鹃的果实成熟时是褐色的，中间有种子。

夏 修剪

5月中旬~6月 ✂

1 疏花

如果结果实，会消耗树体更多的养分，对第2年的花芽分化产生影响，所以要尽早疏花，从花梗下全部摘除。

2 修剪拥挤枝

拥挤枝、内向枝、直立枝等要进行一定程度的疏剪，以保证树冠通风、透光。

3 树木太高时要进行矫正

向上生长过高的枝，要从基部剪除来控制树的高度。

花芽分化

7月~8月中旬在当年生长的枝条前端分化花芽，圆形膨大的芽是花芽（左），短而尖的芽是叶芽（右）。

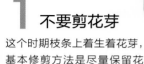

2 剪除无用枝

剪除横向伸出的徒长枝、老枝、拥挤枝等，保持树冠的整齐性，枝条在基部分枝处剪除。

1 不要剪花芽

这个时期枝条上着生着花芽，基本修剪方法是尽量保留花芽进行疏枝修剪。

\ 完成 /

3 剪除分蘖枝

分蘖枝要从根基部剪除。但是，如果主干老化、开花情况不好，就要培育新枝来替代老主干。老主干要从根基部全部剪除。

没有枯枝、交叉枝，树中间都能见到盛开的花朵。

树干之间通风、透光情况良好。

木槿

木槿的花是早上开放傍晚收合的一日花，逐次开放、时间很长，是一种值得观赏的开花树木。

基本资料

科属 锦葵科木槿属
类型 落叶阔叶树
树形 株直立型
树高 2~4 米

*该树长势强，所以即使进行强修剪也是没有问题的。

修剪要点 ✂

◆整理拥挤枝，使树冠内能有充足的阳光透进。当年生长的枝条，要在上一年生长的枝条附近进行强修剪。

◆如果有夏季长势强的枝条，要从基部彻底剪除。

修剪月历（月）	
修剪	1
	2
	3
	4
	5
	6
	7
开花	8
修剪	9
	10
	11
修剪	12
	（月）

秋
修剪
9月
✂

1 从基部剪除徒长枝

长势强的徒长枝要从基部剪除。

2 修剪拥挤枝

拥挤枝可以采用疏剪法，通过疏枝修剪增加树冠内的通风、透光度。

3 进行老枝的剪除更新

开花后剪除老枝，用新枝来进行更新，较高的老植株可以根据要求的高度进行回缩修剪。

花蕾
形成

7~9 月在当年生长的枝条叶腋处分化花芽，当年开花。在阳光充足的场所花蕾形成和开花情况良好。

冬
修剪

12月～
第2年3月

2 保持主枝高度的一致

修剪主枝后留下的枝条，高度要相对一致；当年生长的枝条，要在上一年枝条的基部进行回缩修剪，从此产生的新枝伸长并开花。修剪的时候要在外芽（参见第24页）的上部进行。

1 修剪主枝保证树的大小

如果任其生长，树木会逐步长大，主枝决定树干的高低，所以要按要求的高度修剪主枝。该树是耐修剪的树种，所以进行强修剪也不影响树木的生长。

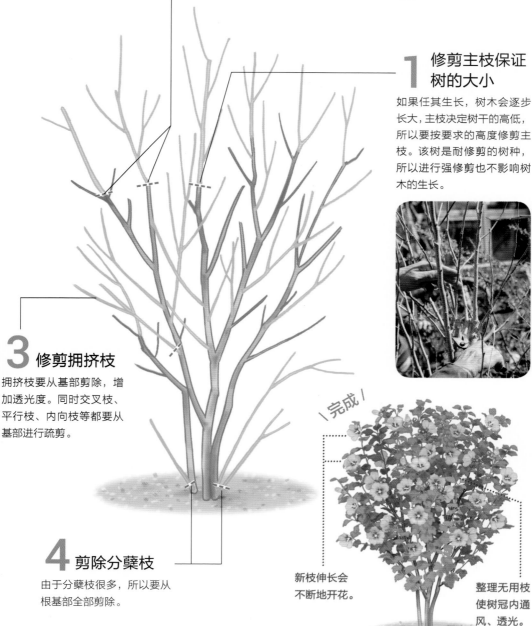

3 修剪拥挤枝

拥挤枝要从基部剪除，增加透光度。同时交叉枝、平行枝、内向枝等都要从基部进行疏剪。

4 剪除分蘖枝

由于分蘖枝很多，所以要从根基部全部剪除。

|完成|

新枝伸长会
不断地开花。

整理无用枝
使树冠内通
风、透光。

玉兰（日本辛夷）

最近几年增加很多品种，花色多彩鲜艳夺目，日本和式及欧美洋式庭院均可使用。

基本资料

科属	木兰科玉兰属
类型	落叶阔叶树
树形	干直立型或株直立型
树高	2~15 米

*小型庭院院紫玉兰、星花玉兰等小型品种都是值得推荐和使用的品种。

修剪要点 ✂

◆长枝条不能分化花芽，所以要进行回缩修剪。

◆为了保持树木的高度，树高在 2~3 米时要修剪主枝，停止向上伸长。

◆株直立的各类主干要留 1~3 根，分蘖枝和其他的枝干全部剪除。

修剪月历（月）

月	
1	修剪
2	
3	开花
4	修剪
5	修剪
6	
7	花芽
8	
9	
10	
11	修剪
12	

（月）

春 修剪
4 月上旬 ✂

夏 修剪
5 月中旬~ 6 月 ✂

2 剪除无用枝

向上伸长的枝、突出树冠的枝等无用枝（参见第 25 页）均要剪除，以保证冠内通风、透光。星花玉兰是干直立型树种，枝干上不容易发芽，只要修剪长枝保持树形就行了。

3 回缩修剪长枝

长枝几乎不产生花芽，在枝基部留 5~6 个芽进行回缩修剪，使其发出短枝。

4 回缩修剪主干

太高大的树木，在 2~3 米的位置剪除主干（摘心）以矫正树形。

5 剪除老枝

为了保持树冠的紧凑，剪掉和新生长枝条数量相同的老枝，控制叶子数量。修剪时要从基部剪除。

花芽分化

在花后伸长的短枝前端分化花芽，第 2 年春季开花。长枝上不分化花芽。

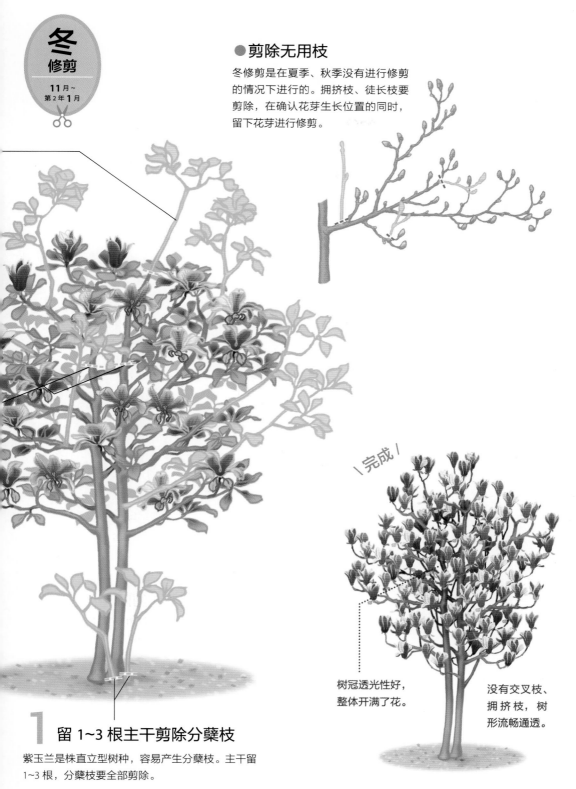

冬
修剪

11 月 ～
第 2 年 1 月

● 剪除无用枝

冬修剪是在夏季、秋季没有进行修剪
的情况下进行的。拥挤枝、徒长枝要
剪除，在确认花芽生长位置的同时，
留下花芽进行修剪。

完成

树冠透光性好，
整体开满了花。

没有交叉枝、
拥挤枝，树
形流畅通透。

1 留 1~3 根主干剪除分蘖枝

紫玉兰是株直立型树种，容易产生分蘖枝。主干留
1~3 根，分蘖枝要全部剪除。

山桃

在此介绍的不是生产食用桃子的桃树，而是介绍作为观花的山桃树。

基本资料

科属	蔷薇科桃属
类型	落叶阔叶树
树形	干直立型
树高	2~5 米

★ 果树和山桃的修剪方式是不一样的。

修剪要点 ✂

◆ 小型的庭院每年开花结束后进行修剪，以保持树形。

◆ 为了保持树内透光，要剪除无用枝。

◆ 4~5 年进行一次整体树枝修剪，可以用新枝进行更新。

修剪月历（月）

月	
1	修剪
2	
3	修剪
4	开花
5	
6	修剪
7	花芽
8	
9	
10	
11	
12	修剪

（月）

春 修剪
3 月下旬~
4 月上旬
✂

夏 修剪
5 月中旬~
6 月
✂

1 剪除徒长枝

生长强而影响树冠的徒长枝要从基部剪除，树冠内部的拥挤枝、交叉枝等也要从基部剪除，以保持通风、透光。

3 剪除老枝

出现粗老的枝条，要从主干部分剪除。但是，老树发芽能力弱，如果进行强修剪，新枝就难以发生。

2 剪除分蘖枝

分蘖枝、枝干萌芽枝出现后立即剪除。

花芽分化
在当年生长的枝的叶基部分化花芽，第 2 年春季开花。如果施肥量过多，树木生长旺盛，花芽分化就较难。

冬 修剪

11月中旬～
第2年1月

1 控制树高

放任生长的山桃树，可以长得很高。主干在 2~3 米时可以进行回缩修剪，保持一定的高度，但不要太高。

2 整理树形

修剪突出树冠枝条的前端以整理树形。拥挤枝、直立枝、内膛枝等分别从基部剪除，保证树冠内有充足的阳光透入。修剪时在叶芽上方的分枝处进行。

3 剪除老枝

在老枝上不能形成花芽并开花，所以 4~5 年剪除 1 次老枝，在花蕾时期，在枝条基部留下花芽后剪除上部枝条，使新枝萌发。

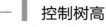

完成

枝条上均匀地开满了花。

无用枝全部剪除，冠内光线通透。

珍珠绣线菊

白色的小花开满了下垂枝条的前端，就好像是白色积雪挂满了枝头一样。

基本资料

科属	木樨科绣线菊属
类型	落叶阔叶树
树形	株直立型
树高	1~2米

* 春季如果没有将地上部枝条全部剪除，可以修剪夏季伸出的枝条。

修剪要点 ✂

春季开花结束后，所有的枝条要从地上部位全部剪除。

冬季全植株的枝条上全都着满了花芽，所以最好不要进行修剪。拥挤枝、内向枝、交叉枝等进行一定程度的修剪就可以了。

修剪月历（月）

修剪月历		月
	修剪	1
		2
		3
开花	修剪	4
		5
	修剪	6
		7
		8
		9
花芽		10
	修剪	11
		12
		（月）

春
修剪
4月下旬~
5月上旬
✂

● 更新植株

植株老化后，不容易形成花芽，2~3年1次把所有的枝条从根部剪除，用新枝进行更新。不想成为大的植株时，每年从地表基部剪除，通过这样的修剪方式能够欣赏到美丽的树形。

夏
修剪
5月中旬~
6月
✂

● 修剪伸长枝

夏修剪在没有进行春修剪的情况下进行。仅把从树冠上方突出的枝条从基部进行修剪，如果从枝条中部修剪，新枝条向四面八方伸长，就营造不出美观的树形了。

花芽分化　9月中旬~10月上旬，在当年生长的枝条的叶腋处分化花芽，第2年春季开花。如果植株年老就难以分化花芽。

1 疏剪

拥挤枝、内向枝、交叉枝、错落枝等无用枝（参见第 25 页）要全部剪除，使树冠内光照充足。

绣线菊枝条很多，拥挤枝、交叉枝很容易产生，对于这些枝条要根据整株树木枝条的总数量进行适当的疏剪，以减少枝条的数量。

2 剪除分蘖枝

要保持树木的大小，就要将分蘖枝从根基部剪除，控制整株树木的枝条数量。

\完成/

每根枝条上都开满了花。

树枝像抛物线样弯曲下垂，呈现自然树形。

115

连翘

半攀缘型的枝条，下垂的枝条上着生满满的黄色小花。

基本资料

科属	木樨科连翘属
类型	落叶阔叶树
树形	株直立型
树高	2~3 米

* 原产于中国的各个连翘品种和金钟花（金梅花）、朝鲜连翘的修剪方法是同样的。

修剪要点 ✂

◆ 避开开花后的 4 月下旬~5 月中旬，这一时期不能修剪。

◆ 枝条下垂落地后和土壤接触会生根，所以下垂过多的长枝条要修剪。

◆ 平剪在花期结束后进行，夏修剪徒长枝。

修剪月历（月）

	月
修剪	1
修剪	2
	3
开花	4
	5
修剪	6
花芽	7
	8
	9
	10
修剪	11
	12
	（月）

夏 修剪
5 月中旬~6 月 ✂

1 整理树形

由于枝条生长较快，伸出树冠并向外围伸长的枝条，要从分枝处剪除。

2 疏枝

由于生长旺盛而容易产生拥挤枝，这些枝条要从基部剪除一部分，进行疏枝作业。

4 剪除枯枝

植株内部容易产生枯枝，枯枝应当从基部剪除。

3 修剪长枝

枝条过长达到地面时，节点在地面土壤上会生根，如果不想植株太大，应当修剪长枝。

5 平剪

枝条生长发育快，可以根据自己的意愿平剪出自己喜好的树形。平剪在开花后进行。夏季徒长枝出现后要及时剪除。

花芽分化

在当年生长枝条的叶腋处分化花芽，第 2 年春季开花。花芽主要集中在枝条的中部至顶端部位，如果修剪过短，就不能开花。

1 注意花芽

在整株树枝上都着生着花芽，所以修
剪时要注意花芽的位置。

3 整理树形

直立枝、伸出树冠的突出枝要
从基部剪除。

整株树上枝条开满了花。

\完成/

2 冠内透光

拥挤枝、重叠交叉枝等要
及时剪除，以保持树冠内
通风、透光。

没有重叠交叉枝，
有完整流畅的枝条
和树形。

蜡梅

在庭院中使用的蜡梅通常是开黄色花的素馨梅品种。

基本资料

科属	蜡梅科蜡梅属
类型	落叶阔叶树
树形	株直立型
树高	4~5 米

★长枝干不分化花芽，所以要通过修剪促使短枝生长。

修剪要点 ✂

- 在拥挤枝部位应修剪对生枝，保持树冠整齐。
- 每隔几年把开花枝修剪一次，用新枝更新。
- 在小型庭院中种植时，植株保留 3~4 根主干使其增粗并开花。

修剪月历（月）

月	
1	开花
2	
3	修剪
4	
5	
6	
7	花芽
8	
9	
10	
11	修剪
12	

（月）

冬 修剪
11月
✂

1 保留短枝

短枝上分化花芽，所以要尽量保留。

2 剪除对生枝中的一根

对生枝是从一个节点发出两根枝，看看看树形的情况，交替地进行修剪使树形整齐。

3 剪除无用枝

内向枝、交叉枝、徒长枝、向上伸长枝等无用枝（参见第 25 页）都要进行修剪，以保持树冠中透光。分蘖枝也要剪除。

花芽分化

在开花后生长的短枝上分化花芽，第 2 年春季开花。

春
修剪

3 月～
4 月上旬

1 整理树形

从树冠上伸出的枝，
要在芽部位以上修剪。

2 更新枝条

把开花的枝条从基部剪除，让
其发出新枝进行更新，4~5 年
进行 1 次。

3 剪除直立枝

直立枝会和其他的枝错
落交叉，所以要尽可能
剪除。

4 剪除无用枝

剪除内向枝、交叉枝，徒长
枝，要从花芽以上部位修剪。

5 增粗主干

由于是株直立型树，会从地上
萌发出枝芽，所以要保留 3~4
根作为主干进行培养，其他的
从根基部全部剪除。

整株树上枝条开满了花。

\ 完成 /

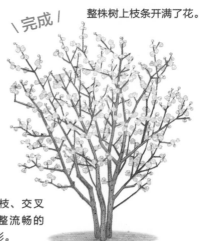

没有无用枝、交叉
枝，有完整流畅的
枝条和树形。

红苞木

粉红的花向下开放，是近年流行的一种花木。

基本资料

科属　金缕梅科红花荷属
类型　常绿阔叶树
树形　干直立型
树高　2~12 米

★任其生长会导致树形混乱，如果错过修剪时间，则不能分化花芽并开花，这点要注意。

◆耐平剪能力很强，幼树的时候通过平剪，可以增加枝条数量。

◆剪除内膛枝、交叉枝等无用枝。

◆由于树可以长得很高，要修剪徒长枝以保持树形。

修剪要点 ✂

修剪月历（月）

月	
1	
2	
3	
4	开花
5	
6	修剪
7	花芽
8	
9	
10	
11	
12	
（月）	

夏 修剪

5 月中旬~
6 月

3 剪除徒长枝

在树冠上长势强的徒长枝，会影响树形，应从基部剪除，徒长枝的修剪在 9~11 月都可以进行。

4 修剪内膛枝

剪除树冠内部的内膛枝、交叉枝，保持树冠内部通风、透光。

花芽分化

在开花结束后生长的枝条上分化花芽。图中左侧稍带绿色、膨大的是花芽。

1 摘心

生长速度虽然很慢，但是如果任其生长，树可以长得很高。树木在幼树的时候，就要根据所要求的高度进行摘心，以控制树高。

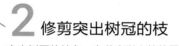

2 修剪突出树冠的枝

突出树冠的枝条，在节点以上的位置进行修剪，以保持树形。

\完成/

枝条数量多、树叶茂盛。

5 平剪以增加枝条数量

可以进行平修剪的大多是长势比较强的树种。进行平修剪矫正树高时，要在树木幼年时进行强修剪，从而增加枝条的数量。

花芽分化好、逐次开花。

草莓树

果实从黄色→橙色→红色的变化，花和马醉木相似，有白花和红花。

基本资料

科属	杜鹃花科草莓树属
类型	常绿阔叶树
树形	干直立型
树高	2~3 米

修剪要点 ✂

◆ 修剪从树冠中突出的枝，整理树形。

◆ 修剪老枝、枯枝，增强树冠内通透性，让阳光能直接照到树冠内部。

◆ 它能够形成自然的树冠类型，所以不需要进行强修剪。

★ 一年中花、花芽、果实都在枝条前端着生，只要对无用枝进行适当的疏剪就可以了。

修剪月历（月）

月	
1	开花
2	
3	修剪
4	修剪
5	修剪
6	修剪
7	花芽
8	
9	
10	
11	开花 / 结果
12	

（月）

春
修剪
2 月下旬～
4 月上旬

夏
修剪
5 月中旬～
11 月

2 剪除徒长枝

伸出树冠的徒长枝会影响树形，所以要从基部剪除。

3 剪除冠内无用枝

剪除树冠内的枯枝、老枝。在叶量少的情况下，为了增加光合作用，即使有一些无用枝也可以保留。

花芽
分化

当年生长的枝条前端分化花芽，晚秋开花。果实在开花后的第 2 年秋季成熟。

1 整理树形

修剪从树冠中突出的枝来整理树形。修剪枝条时要从枝条的分枝处向上一点的位置进行。

\ 完成 /

接近卵状的椭圆形树冠。

树冠内通风、透光情况良好。

落霜红

一般是红色的果实，也有白色果实的品种。雌雄异株，果实产生在雌株上。

基本资料

科属　冬青科冬青属
类型　落叶阔叶树
树形　株直立型
树高　1~3 米

修剪要点 ✂

- ◆分蘖枝从地表基部剪除，保留主干 3~4 根。
- ◆枝条混杂的部位进行疏剪，保持冠内通风良好。
- ◆着生很多果实的枝条，随着果量逐步减少，需要进行更新。
- ★自然生长的树形和经过修剪整理的树形基本上差不多，所以只要对无用枝进行适当疏剪就可以了。

修剪月历（月）

月	修剪
1	修剪
2	
3	
4	
5	
6	修剪
7	花芽
8	
9	结果
10	
11	
12	修剪

（月）

夏
修剪

5 月中旬~
6 月
✂

1 修剪徒长枝和无用枝

内向枝、徒长枝等要从基部剪除，拥挤部分的枝条要对细枝进行疏枝，保留大枝利于通风。

2 剪除分蘖枝

从植株根部生长的枝、分蘖枝等，如果保留，会消耗树体的养分和水分。主干留 3~4 根，其余的全部剪除。

3 避免强修剪

枝条的任何地方都可以修剪，但如果在内膛深处进行强修剪，就会长出徒长枝，导致不能结果实。要尽量避免强修剪。

花蕾
形成

冬季从叶芽上生长出短枝，4~5月在短枝上形成花蕾，当年开花结果。

冬季的叶芽

春季的形态

冬
修剪

12 月 ~
第 2 年 3 月

1 留短枝剪除长枝

伸长较长的徒长枝看其伸长方向进行适当修剪。剪除直立枝、横向枝，保留有花芽的短枝。

2 疏枝

拥挤枝、交叉枝、错落枝、内向枝等无用枝从分枝处进行疏剪，以保持树体良好的通风状态。

3 枝条更新

结果量很多的枝会随着时间的推移，逐步减少结果量，要从基部剪除，让新枝萌发进行更新。

4 株直立型 主干 3~4 根

株直立型树木从根部的新枝上产生芽。保留 3~4 根作为主干，剪除芽枝，留下的主干在分枝处剪除横枝。

| 完成 |

植株整体枝条分布均衡。

树冠内没有无用的枝条，通风、透光良好。

柿树

在日本关东以西地区栽培有甜柿，在寒冷地区栽培的柿子具有涩味。

基本资料

科属　柿科柿属
类型　落叶阔叶树
树形　干直立型
树高　3~10 米

★ 涩柿、甜柿的修剪方法是一样的。

◆ 高大树要想使其矮化，每年回缩修剪 2~3 米。

◆ 当年结果的枝条第 2 年不结果，所以要修剪更新。

◆ 修剪后枝条数量增加，结果数量也增加。

修剪要点 ✂

修剪月历（月）

	月
修剪	1
	2
	3
	4
	5
开花 / 修剪	6
花芽	7
疏果	8
	9
果实	10
	11
修剪	12

（月）

1 剪除无用枝

从主干伸出的新枝、徒长枝、下垂枝等无用枝（参见第 25 页）要从基部全部剪除。

3 疏果

在一处着生很多果实，每个果实都很小，要摘除小果和伤果，1 个果实周边要留 15~20 片叶子，7 月下旬 ~8 月中旬是疏果适宜期。

2 修剪拥挤枝

叶子相互覆盖、枝条混杂在一起的拥挤枝，选择细枝从基部剪除。

花芽分化　当年伸长 30 厘米左右枝条的前端产生混合芽（参见第 16 页），第 2 年从混合芽上萌发的枝条上开花结果。

冬 修剪

12 月~
第 2 年 2 月

1 留下没有结果的枝

柿树的花芽在一根枝条上需要一年才能完成分化，当年没有结果的枝条上的芽第 2 年会结果，所以要留下 30 厘米左右粗的枝条，以备第 2 年结果。

2 长枝留 2~3 个芽后修剪

结果枝是长 30 厘米以内的中间枝，因此长枝从基部留 2~3 个芽后修剪，促使新枝萌发。

4 修剪结果的枝

因为当年的结果枝第 2 年不结果，所以，在结果部位节点以上修剪，让其萌发新枝。另外，在摘果的同时剪去枝条（修剪），增加了摘果时的乐趣。

5 从基部剪除直立枝

向上的直立枝不容易结果，应该从基部剪除。树冠内的细枝、小枝、内向枝等无用枝要从基部剪除。

3 修剪拥挤枝

柿树有从一处长出数根枝条的特性，所以，细枝、内向枝、直立枝等都要从基部剪除，只留下 1 根主枝。

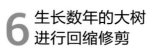

\ 完成 /

6 生长数年的大树进行回缩修剪

大树要矫正为低矮树木的时候，直径 10 厘米以内的粗枝，每年反复回缩修剪 2~3 米。一直进行到自己想要的理想高度。

枝条平铺展开，阳光照射渗透至树冠中央。

一个个大的果实均匀分布在枝头。

柑橘类

在庭院中种植的柑橘类有柚子、柠檬、金橘等很多类型。

基本资料

科属	芸香科柑橘属
类型	常绿阔叶树
树形	干直立型
树高	3~5 米

修剪要点 ✂

◆长枝按总长的 1/3 进行回缩修剪。

◆修剪向上生长强势的枝、老枝、粗枝等。

◆为方便收获果实，修剪时要注意树木不要太高，树冠要有意横向扩展。

◆留下萌芽枝，剪除老枝进行更新新枝，几年一次。

◆当年果实产量大，第 2 年结果数量就会减少，所以要进行适当的疏果。

◆枝上的刺在一半的位置剪掉，这样工作起来方便。

＊品种不同，修剪、结果的时间也不一样，但修剪方法是一样的。

柚子

花芽分化方式

若为混合芽（参见第 16 页），当年生长的枝条，在第 2 年的 1~3 月分化花芽并开花，秋季结果。

修剪月历（月） （月）

1	2	3	4	5	6	7	8	9	10	11	12
		修剪		修剪							
				开花		疏果		果实			

金橘

花芽分化方式

若为混合芽，6 月在当年生的枝条上形成花芽，第 2 年春季开花、秋季结果。

修剪月历（月） （月）

1	2	3	4	5	6	7	8	9	10	11	12
	修剪			修剪							
果实						开花		疏果			果实

柠檬

花芽分化

在当年生长的枝条上，第 2 年的 1~3 月产生花芽并开花，到秋季结果。还有一些四季开花的品种，在夏、秋季生长的枝条上产生花芽并结果，所以夏季和秋季要疏果。

修剪月历（月） （月）

1	2	3	4	5	6	7	8	9	10	11	12
	修剪			修剪							
	开花										
	果实										
					疏果			疏果			

夏
修剪
5月中旬～
6月

1 剪除徒长枝

向上强势伸长的徒长枝要从基部剪除。

2 整理春季生长的枝条

春季生长超出树冠的突出枝，要在枝条的前端修剪，以保持树势的均衡，增加新枝的数量。

4 结果时疏果

果实太多会消耗树体的养分，第2年着果量减少，原则上一根枝条上着2~3个果为宜，小果、伤果、畸形果等果实要摘除。因品种不同，疏果的最适宜时期也不一样。

3 剪除枯枝和拥挤枝

树冠内的枯枝、部分拥挤枝要从基部剪除。如果在一个节点有好多枝条，剪除细枝，保留生长健壮的1~2根枝。

5 剪除无用枝

内向枝、下垂枝等无用枝（参见第25页），由于会影响树冠整齐性，所以要从基部剪除。

2 保持紧凑的树形

对主干进行回缩修剪，保持树形不要太大。树高达到 1~2 米时，在分枝处进行修剪。

4 牵引直立枝

向上伸长的强势枝条不太容易结果，可以从基部剪除，但是，在枝条数量比较少的情况下，最好不要剪掉，可以用绳子牵引向横向伸展。

5 疏枝

阳光照射不足，枝条生长缓慢，也不能结果。为保证树冠内通风、透光，要剪除树冠内的拥挤枝和粗枝。

6 枝条的更新

枝条粗且老化后结果量就减少，应几年要进行 1 次萌芽枝（枝干上发出的芽枝）更新，从基部剪除老枝，保留萌芽枝。

3 在树刺一半的位置进行剪切

由于刺会影响日常的果树作业，所以要在刺的一半位置进行剪切。

修剪前

修剪后

1 回缩修剪突出的枝条

突出树冠的长枝要回缩 1/3 长度进行修剪。

如果刺从基部修剪，会影响树势。

一根枝条上结果不多，整树结果。

\ 完成 /

枝干通透，通风、透光。

猕猴桃

有雌花树和雄花树之分，属于雌雄异株树木，如果两者不种植在一起就不能结果。

基本资料

科属	猕猴桃科猕猴桃属
类型	落叶阔叶树
树形	攀缘型
树高	5~8 米

修剪要点 ✂

◆ 藤条开始是直线生长的，从 6 月下旬左右开始攀缘其他的物体伸长。从开始攀缘时应当进行藤条顶端修剪。

◆ 结果的藤条上，距离果实 10~12 个节点前端周围的藤条，要全部剪掉。

◆ 结果的雌花都生长在短枝上，所以短枝尽量不要修剪。

修剪月历（月）

	修剪	1
		2
		3
		4
开花·疏果	修剪	5
		6
		7
		8
		9
		10
果实		11
	修剪	12

（月）

冬 修剪
11 月中旬～第 2 年 1 月 ✂

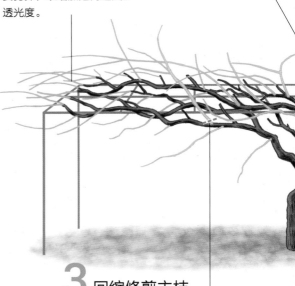

1 修剪顶上伸长枝

从主枝（成为中心的粗藤条）向上伸长的枝条，要从基部开始剪除。

2 修剪混合藤条

错落的藤条、混合的藤条都要剪掉，以增加冠内通风、透光度。

3 回缩修剪主枝

主枝如果任其生长，会不断地伸长，要在适当的位置进行回缩修剪。有时也会把主枝剪除，用长势强的侧枝来替代主枝。

4 新枝留 4~7 个芽进行修剪

花芽是混合芽（参见第 16 页），在上一年生长枝条的叶腋处分化。从混合芽生长出的新枝，在第 7 个节间以内结果实。新枝留 4~7 个节点芽进行修剪。

花芽分化

从当年伸长的新枝基部向上 2~7 个节点以内的叶腋处分化花芽，第 2 年春季开花，秋季结果。

夏 修剪

5月中旬~6月

1 摘心

如果枝叶混合太多，会消耗养分影响结果。叶子太多的植株，要把多余的叶子剪掉（摘心），增加果实对养分的吸收，促进果实成熟，对增加通风、透光也会起到一定的效果。

2 剪除无用枝

从主枝垂直伸长的徒长枝、下垂枝等无用枝（参见第25页）要从基部剪除。

3 剪除卷曲的藤枝

藤枝开始时是直线生长伸长的，最后缠绕到其他物体上。从藤枝缠绕开始的部分要剪除。

4 确认短枝上的花芽

粗的短枝上容易产生结果的雌花短枝，这些短枝要尽可能保留。

5 疏果

如果果实太多会相互争夺养分，最后结出来的果实会很小、味道也不好。以5~7片叶子保留1个果的标准，在果实很小时就要进行疏果。

\完成/

没有向上伸长的徒长枝和弯曲缠绕枝，叶子能充分接收到阳光照射。

果实的数量适度，也不是特别多，果实大而甜。

紫珠

一般在日本种植的被称为日本紫珠的，通称为紫珠。

基本资料

科属	马鞭草科紫珠属
类型	落叶阔叶树
树形	株直立型
树高	1~2 米

★花芽着生于新伸长枝条的上半部分。

修剪要点 ✂

◆如果枝叶过于茂盛混杂，就要进行疏枝修剪。

◆如果进行强修剪，萌发力强的短枝不断出现，开花结果状况就会变差。

◆对地上部分的枝条要从地面以上全部剪除，进行植株更新，每 4~5 年一次。

修剪月历（月）

月	
1	修剪
2	
3	
4	
5	
6	修剪
7	花芽
8	开花
9	结果
10	
11	
12	修剪

（月）

2 修剪徒长枝

突出树冠的徒长枝要从基部剪除，以整理树形。

1 修剪枝顶端

花芽都是在新枝的上半部分形成，有伸长过长的枝要在枝的顶端进行修剪。

3 剪除无用枝

要剪除树冠中的内向枝、拥挤枝、交叉枝等无用枝（参见第 25 页），使阳光能透入树冠内部。

花芽分化 在当年生长枝条的叶腋处产生花芽并形成花蕾，秋季果实成熟。徒长枝难以分化花芽形成花蕾。

冬
修剪

11 月中旬~
第 **2** 年 **3** 月上旬

2 整理树形

观察整体树形，把伸出树冠的枝条从顶端剪除。这个时候肉眼还不能确认花芽，所以修剪时尽可能保留有芽的部分。

1 疏枝

枝条混合的部位，留下向外侧伸长的枝进行修剪。

3 剪除无用枝

下垂枝、枯枝等无用枝都要从基部剪除。

4 每隔 4~5 年
更新 1 次植株

从地表基部剪除所有的枝条，进行植株更新，每 4~5 年 1 次。

完成

每根枝条的线条流畅、透光通气。

小粒的果实稳定，结果很多。

石榴

能收获种子，作为观花的树木自古以来受到人们的喜爱。

基本资料

科属　石榴科石榴属
类型　落叶阔叶树（热带常绿）
树形　干直立型
树高　2~3 米

＊枝的前端有刺，修剪时应注意。

◆修剪拥挤枝、内向枝，形成让枝条稍许下垂的树形。

◆容易产生分蘖枝。发现后立即从根基部剪除。

◆花和果着生在枝条的前端，所以不能进行回缩修剪，只要进行适当疏枝就可以了。

修剪要点 ✂

修剪月历（月）

修剪	月
修剪	1
修剪	2
修剪	3
	4
	5
修剪	6
开花　花芽	7
	8
果实	9
果实	10
修剪	11
修剪	12

（月）

1 不要进行大的修剪

为了让花蕾顺利开花形成果实，只要对徒长枝和拥挤枝进行疏枝修剪，这些都要从基部剪除。修剪拥挤枝时要观察树形的均衡度进行修剪。

2 剪除分蘖枝

此树是容易产生分蘖枝的树木，分蘖枝产生时从根基部全部剪除。

花芽分化　在充实枝条的顶部和枝条的前半部位分化花芽，第 2 年枝条稍作伸长，花芽开花。

冬
修剪

11 月中旬 ~
第 2 年 3 月上旬

1 修剪粗枝

疏枝的时候，从粗枝开始。剪除每根粗枝时要考虑树冠的均衡问题，是现在剪？还是下次再剪？要做出抉择。

2 不要剪顶枝

春季生长的枝条顶端产生花芽，所以枝条的顶端不可以随意修剪。

3 疏剪无用枝

直立枝、交叉枝、错落枝等要从基部剪除。

没有拥挤枝，树冠内通风、透光。

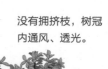

4 修剪内向枝

修剪分叉的障碍枝时，要保留外向枝、剪除伸向树冠内的枝。

5 剪除分蘖枝

发现从树根基部发生的分蘖枝或是从树干上发出的萌芽枝，应当立即剪除。留下分蘖枝会争夺树体的养分和水分，造成树体衰弱。

嫩枝柔软下垂、枝的前端开花结果。

加拿大唐棣

别名为加拿大短冠龙树，甜酸味的红色果可以生食。

基本资料

科属　蔷薇科唐棣属
类型　落叶阔叶树
树形　干直立型
树高　4~5 米

修剪要点 ✂

- ◆ 最基本的是不要有拥挤枝，只要对无用枝进行适当修剪就行了。
- ◆ 幼树期容易长徒长枝，这些徒长枝要剪除。
- ◆ 在枝条的顶端分化形成花芽，所以，尽可能不要剪切枝条的顶端。
- ★ 在 6 月中旬可以进行强修剪。太大的树想矮化修剪成小树，可以在这一时期进行。

修剪月历（月）

月	
1	修剪
2	
3	
4	开花
5	
6	果实 / 修剪
7	花芽
8	
9	
10	
11	
12	修剪

（月）

夏 修剪

6月 ✂

1 剪除徒长枝

树在幼年期易长徒长枝。要进行修剪，以整理树形。

2 整理树形

修剪新伸长的枝，整理树形。在树冠内侧的错落枝、拥挤枝也要剪除。

3 修剪要在芽的上部进行

修剪时选择外芽（参见第 24 页），并在外芽上侧横剪或是斜剪，切口要高于芽的高度。

花芽分化

一个芽上面有花芽也有叶芽，称为混合芽（参见第 16 页）。在当年生长的枝条前端形成花芽，第 2 年春季从混合芽上生长新枝并开花结果。

1 剪除徒长枝

因为树木在幼年期容易生长徒长枝，所以徒长枝应当剪除。

2 轮换幼枝

结果 2~3 年的枝条，要用新枝进行更新。在幼枝的分枝处修剪。

4 疏剪无用枝

为了不让树枝混合交叠，对于树冠内的细枝、内向枝等无用枝进行疏剪。

3 修剪幼树新梢的顶端

为了增加幼树的枝叶，在新生长枝条顶端向下的 1/3 处外芽上面进行修剪。修剪枝的顶端后第 2 年不开花，所以不能修剪掉全部枝的顶端，只是修剪想让其继续伸长的枝条。

5 剪除分蘖枝

为了使株直立的主枝留 3~4 根，从地面生长出来的分蘖枝要全部剪除并清理。

|完成|

自然柔和的树形。

整株整齐性良好、开花结果。

南天竹

是作为春节花材的植物。

基本资料

科属	小檗科南天竹属
类型	常绿阔叶树
树形	株直立型
树高	1~3 米

修剪要点 ✂

◆ 该树容易产生分蘖枝，所以要剪除分蘖枝，保留 5~7 根主枝。

◆ 更新老叶的时候，留下中心的芽，剪除所有的叶子。

◆ 如果植株老化，要从根基部剪除所有的枝条进行更新。

★ 结果的枝条经过 2~3 年就不能结果了，应对这样的枝条进行修剪。

修剪月历（月）	
	1
	2
修剪	3
修剪	4
修剪	5
开花 / 修剪	6
花芽	7
	8
	9
	10
结果	11
	12
	（月）

春 修剪 3 月下旬~ 4 月 ✂

夏 修剪 5 月中旬~ 6 月 ✂

1 回缩修剪

由于枝条不断向上伸长，树体会升高，在梅雨季节根据所需的高度进行枝条的回缩修剪。

4 植株过大可以进行更新

大植株想使其矮化，可以从所有的干枝最低一节开始全部剪除。如果只留下几根主干枝，新枝产生就困难，因此，所有的干枝一起剪除。剪除后从节上产生的新芽更新成的植株，2 年之内是不能够开花结果的。

保护种子

为了能在春节看到红色的种子，用报纸把枝条和种子包起来（套袋），这样种子就不会脱落、不会被鸟食，可以观赏到鲜红的果实和美丽的枝条。

2 剪叶

这是更新叶子的方法。花只在最上面的芽形成，把中心芽保留，老叶全部剪除，长出整齐的新叶。在3月上旬~4月上旬剪叶是最适宜的。

长满了新绿叶，很多的种子形成了伞房状果实。

\完成/

3 修剪分蘖枝

该树容易产生分蘖枝，应在保留5~7根主枝的前提下，将其余的分蘖枝从地面全部剪除。

没有拥挤枝，通风、透光。

枇杷

最早是从中国传到日本的野生果树，花具有甜香味。

基本资料

科属	蔷薇科枇杷属
类型	常绿阔叶树
树形	干直立型
树高	3~5 米

★ 有大果种（田中系品种）和中国种（茂木系品种），修剪方法是相同的。

修剪要点 ✂

◆ 分枝快，所以要疏剪枝条，使树冠中能有充足的阳光照射。

◆ 经过 2~3 年结果实的枝条要剪除，使整个树冠结果均匀、良好。

● 着生花芽的枝条周围，留下一根没有花芽的枝条，其他的全部剪除。

修剪月历（月）

开花	1	
	2	
疏果	3	
	4	
	5	
果实	6	
花芽	7	
	8	
修剪	9	
疏蕾	10	
开花	11	
	12	
	（月）	

3 剪除徒长枝

树冠上面伸出的徒长枝要从基部剪除。

4 培育第 2 年花芽的枝条

产生花芽枝条下方的枝条，是第 2 年花芽分化的枝条，所以只保留 1 根。其他的枝条从基部剪除。

疏果使果实更甜

3月下旬

结果后应当摘除小果和伤果，一个花房上仅保留 2~3 个果，以保证留下的果能汲取树体所有的养分，提高果实的糖度。

5 矫正树形矮化

树形太高太大，进行作业时会比较困难，经过 3 年多生长的树形就要进行矮化处理。在第 1~2 年把主干上伸出的稍粗的枝条逐步地从基部剪除，第 3 年在主干较低的位置进行回缩修剪。矫正树形矮化后的几年是不能结果的，但留下的主干马上会发出新枝，几年之后就会开花结果。

1 疏枝

枇杷的枝是轮生状，一个节点能长出 4~5 根枝，因此，树冠内的枝容易混乱交叉。混乱部分中央的短枝和稍短的枝留 2~3 根进行疏剪，使树冠内通风、透光。

疏蕾减少果实 10月

房状花芽着生量大，10 月要对整个植株的房状花芽剪除一半。大果品种剪除上部，留下下部的 2~3 层，中果品种剪除上部和下部的 1~2 层，留下中部的 2~3 层。

大果品种　　　　中果品种

2 枝更新

已结果 2~3 年的枝条要从基部剪除，保证其他枝条的营养供应，使全株均匀结果。

果实不是太多、对树的营养消耗少。

| 完成 |

枝条不混杂，冠内通风、透光。

花芽分化　从春季伸长的枝条前端分化花芽，当年冬季开花，果实在第 2 年的初夏成熟。

蓝莓

有各种各样的品种。如果把两个以上的品种种植在一起，更容易结果。

基本资料

科属　杜鹃科越橘属
类型　落叶阔叶树
树形　株直立型
树高　1~3 米

★高灌蓝莓系品种是面向寒冷地区栽培的，兔眼蓝莓系品种是面向温暖地区栽培的。

修剪要点

◆从种植开始的 1~2 年是不结果的，主要是树势的生长。

◆从第 3 年开始要以疏枝修剪为主，开始收获果实。

◆一株上留 3~5 根主枝，老枝要从根部剪除进行更新。

修剪月历（月）

	1
修剪	
	2
	3
	4
开花	5
	6
花芽	
果实	7
修剪	8
	9
	10
	11
修剪	12

（月）

第 1~2 年建立树形

种植后 1~2 年是树木生长旺盛的时期，尽量不让其开花，因为花芽是在枝的顶端着生数个花序，所以要在花芽下面的叶芽上部修剪，以剪除花芽。修剪的位置根据枝条的高低变化，整理出树形。

第 1 年的修剪

培育主枝

种植后的第 1 年要以培育主枝为主，细枝、拥挤枝、分蘖枝均要剪除，但要注意产生光合作用的叶子不能减少。

花芽分化

在当年伸长枝条的前端形成花芽，第 2 年开花结果。

144

1 减少花芽

在第 1~2 年，枝条修剪后，在新生长的枝条前端形成花芽。为了让花芽数量减少，枝条修剪要按总长度的一半进行。

2 整理横向枝

从新梢发出的横向枝当中的内向枝、拥挤枝、萌芽枝等，要从基部剪除，使树冠内透光。

第2年的修剪

增加枝条

花芽剪掉后，下面的叶芽发出新枝，经培育后到第 2 年枝条的前端产生花芽，同第 1 年一样也要剪掉，使其发出新枝。

第3年的修剪

壮实植株

还是要采取修剪枝顶端的措施以减少花芽。主枝留3~5 根使植株健壮生长。

3 增加主枝

主枝保留 3~5 根，除此之外的分蘖枝要从地表处剪除，保证主枝有充足的养分和水分，修剪新梢时在顶端向下1/3 的外芽处向上一点修剪，使其发出新枝。

夏
修剪
7月下旬~
9月上旬

第4年以后的修剪

1 整理树形

花芽在枝条的前端，不能剪掉。徒长枝、内向枝、交叉枝等要从基部剪除，保证树冠内通风、透光。

2 稍长的枝条摘心

突出的影响树形的长枝要剪掉 20 厘米左右，让新梢停止生长，保证结果，促进新枝萌发。

3 修剪分蘖枝

放任分蘖枝生长，会消耗树体的养分和水分，对主枝的生长和果实的形成都会产生影响，发现之后立即剪除。

4 修剪结果枝

收获果实之后，剪除结果枝，切口要在有横枝的上部，促进下面部分形成花芽。

冬
修剪
12月~
第2年2月
✂

第4年以后的修剪

1 疏剪无用枝

如果修剪枝条前端，就不能结果，所以尽量保留枝条的前端，树冠内的内向枝、徒长枝、交叉枝等要剪除，以保持树冠内的通风、透光。

3 更新老枝

已结果4~5年的老枝，要从地表根际处逐步剪除，培育新梢更新植株。

2 稍长的枝要摘心

突出树冠伸长的徒长枝，由于其不能结果，所以要进行20厘米长度的回缩修剪，以保证结果和促进新枝的萌发。

\ 完成 /

4 整理分蘖枝

由于容易产生分蘖枝，应当从地表处剪除。考虑到整个植株的生长状态和长势，老枝更新的时候，将分蘖枝作为新梢培育，这种情况下，分蘖枝可以剪除1/3左右，使之作为将来的植株主枝使用。

枝的前端结了
大量的果实。

没有拥挤枝、
无用枝，树冠
内通风、透光
良好。

鸡爪槭

是人们最喜爱的红叶树的代表性树木，鲜红的叶子、独一无二的花，给人以美好的享受。

基本资料

科属　槭树科槭树属
类型　落叶阔叶树
树形　干直立型
树高　1~10 米

★品种非常多，几乎都是鸡爪槭和大红叶槭的园艺品种。

修剪要点 ✂

◆属于「早睡早起」的树木，很早就开始休眠，所以全年都可以修剪。

◆留下细枝，剪除粗枝，保持柔软的树形。

◆树木幼年的时候修剪徒长枝、直立枝、交叉枝等，建立整株树木的树形骨架。

	修剪月历（月）
1	
2	
3	
4	开花
5	修剪
6	
7	
8	
9	
10	红叶
11	修剪
12	
	（月）

冬
修剪
11~12 月
✂

1 建立树形骨架

留下水平伸长的枝条，剪除交叉枝、直立枝、徒长枝等。

2 交互修剪对生枝

修剪细枝时不要在中间剪，要从基部剪除。枫树的枝条和叶都是在一个地方生长，属于枝叶对生型，为了防止树形混乱，左右侧的枝只能修剪一侧，最后形成流线型树冠。

5 枝条前端留下水平枝

为了有枝条向横向伸长的感觉，修剪枝条前端的时候，留下水平枝，直立枝、下垂枝、内向枝等全部从基部剪除。

花芽
分化

花芽在当年生长枝条的叶腋处形成，第2年春季开花。左图是鸡爪槭的花。

成年树木的修剪

4 修剪对生枝

修剪对生枝时要观察整个树势的发展趋势,确定修剪哪一方的枝条并从基部剪除。

1 修剪伸出的强势枝

树木上部的枝条长势强、生长快,所以要在小枝萌发的位置进行回缩修剪。

2 剪除无用枝

从基部剪除枯枝、错落枝、交叉枝等无用枝(参见第 25 页)。

3 修剪粗枝

向上伸长、直径 2~5 厘米的枝条从基部剪除,切口要涂上保护剂。

6 剪除下枝

下枝要从基部剪除。

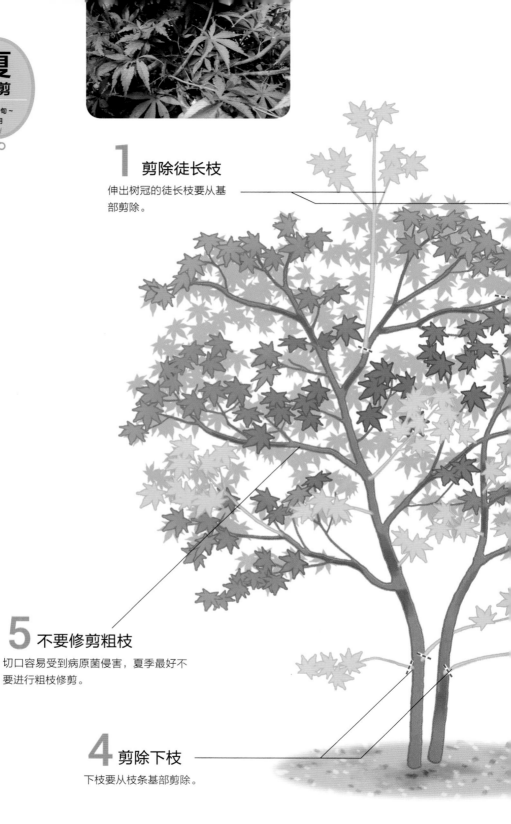

1 剪除徒长枝

伸出树冠的徒长枝要从基部剪除。

5 不要修剪粗枝

切口容易受到病原菌侵害，夏季最好不要进行粗枝修剪。

4 剪除下枝

下枝要从枝条基部剪除。

2 整理拥挤枝

枝条拥挤交叉的部位要进行疏枝修剪，以整理树形。保留细枝剪除粗枝。

特殊的修剪方法

折小枝

小枝可以用手摘除，留下的部分会自然脱落。

切口要斜向修剪

通常的修剪一般是切口呈水平面，但是为了保持树形美观，有时也采用斜面切口的修剪方式。特别是大门入口的树，不想让人们看到切口的时候，切口要面向内侧方向。

通常是切口垂直地进行修剪。

要使其看上去美观，切口要面向内侧进行斜修剪。

3 剪除枯枝

要剪除没有叶子的枝、枯枝等枝条。枯枝的特征是枝条颜色是茶褐色。

\完成/

树冠细枝多，风下柔和摇晃。

叶子排列整齐，给人一种凉爽清新的感觉。

大叶钓樟（山苍子）

秋季是黄色的叶子，春季开黄色的小花，是人们喜欢的一种庭院树种。

基本资料

科属　樟科山胡椒属
类型　落叶阔叶树
树形　干直立型
树高　3~6 米

★ 同是樟科的山苍子是一样的修剪方法。

修剪要点 ✂

◆ 是一种可以自然形成树形的树木，只要把分蘖枝、枯枝等进行适当修剪就可以了。

◆ 伸出树冠的枝和徒长枝从基部剪除，树冠内枝条排列整齐，树形保持良好。

◆ 交叉枝、细枝等要从基部剪除或是疏剪。

修剪月历（月）

月	
修剪	1
	2
修剪	3
开花	4
	5
修剪	6
	7
	8
	9
红叶	10
修剪	11
	12

（月）

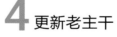

冬 修剪

11 月~第 2 年 2 月 ✂

1 保留花芽

春季赏心悦目的黄色花呈房状花序聚集盛开，枝条前端的花芽尽可能保留，不要修剪枝顶端。

2 疏剪枝条

树冠中交叉枝、细枝等要从基部彻底剪除，以保证树冠内透光。注意如果修剪过度，树势不容易恢复，所以，只要把无用枝进行适当修剪就可以了。

4 更新老主干

原则上分蘖枝要剪除，但是，有些主干上部枝条枯死，要从地表剪除，这个时候就要保留分蘖枝作为更新的主干。主干以 2~3 根为宜。

花芽分化

10 月在当年伸长的枝条叶腋处形成花芽，第 2 年春季展叶后开花。中间尖的是叶芽，横向圆形的是花芽。

春
修剪

3月下旬~
4月上旬

夏
修剪

5月中旬~
6月

1 整理树形

从树冠中伸出的突出枝要从基部剪除，以整理树形。大叶钓樟自然树形很好，所以不用进行太多的整形修剪。

2 修剪拥挤枝

在树冠内部的错落枝、拥挤枝都要从基部剪除，保证树冠内部通风、透光。

3 修剪分蘖枝

当植株有大量分蘖枝出现时，除了作为主干保留的2~3根之外，其他的全部从基部剪除。

5 缩紧主干

过大的树木，主干要根据需要的高度进行顶端修剪。主枝留3~4根分枝后剪除主干以上部分。修剪主枝和主干部分的时候，在分枝部位修剪，这样枝条会呈现流畅的线条。

3 修剪内向枝

内向枝要从分枝部位剪除，观察整个树势的均衡度，达到满意程度即可。通过修剪使树冠内的透光度处于良好的状态。

┃完成┃

树冠通风、透光，给人一种凉爽的感觉。

早春黄色的房状花序挂满全树冠。

153

枹栎

杂木林的代表树种，是生产橡实子的树木，生长速度很快，可以长成大乔木。

基本资料

科属　壳斗科栎属
类型　落叶阔叶树
树形　干直立型
树高　3~8 米

修剪月历（月）

月	事项
1	修剪
2	修剪
3	
4	开花
5	修剪
6	修剪
7	
8	
9	
10	
11	红叶
12	

（月）

冬 修剪
10 月~第 2 年 4 月上旬 ✂

1 保持树冠紧密均衡

如果任其主干生长，树会长得很高，几年之后要进行 1 次在 2 米左右高处的回缩修剪，或是培养分蘖枝用新枝替代主干进行更新。新主干修剪比较容易，在适宜的高度对主干进行剪除或是摘心，便形成紧密的树形。

4 修剪横向伸长枝

横向生长的枝条应剪除一半，进行回缩修剪。

花芽分化

花芽在新伸长的枝条前端的叶腋处形成。

154

夏
修剪

5月中旬～
9月

1 修剪强势枝条

长势较强的横向直线生长的枝条，要从基部剪除。或者是
在中间的细枝分叉处修剪，细枝轮换修剪也是可以的。

2 疏剪拥挤枝

树冠内的拥挤枝、交叉
枝、平行枝等要从主干
枝处进行疏剪。

2 剪除徒长枝

长势强的徒长枝要从
基部进行剪除。树冠
内强烈生长的徒长枝、
萌芽枝等都要从基部
剪除。

3 修剪下枝

粗老的下枝要从基部剪除。

3 修剪下垂枝

下垂的枝条会影响树冠的整齐性，
所以要从基部剪除。

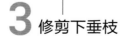

操作简单，保持一
定的高度。

**通透、能见到树干，
控制适当的枝叶数量。**

卫矛

小乔木，其特征为枝条上好像带着羽毛，是世界上三大红叶树种之一。

基本资料

科属	卫矛科卫矛属
类型	落叶阔叶树
树形	株直立型
树高	1~3 米

修剪要点 ✂

◆ 整理内部混杂的小枝，保持树冠内通风、透光。

◆ 无用枝要在分枝处修剪。

◆ 从地表萌发的分蘖枝、突出树冠的长枝都要剪除。

* 萌芽力强、耐修剪，可以进行平剪，进行绿篱和球状树冠的整形。

修剪月历（月）

		月
	修剪	1
		2
		3
		4
开花	修剪	5
		6
花芽		7
		8
		9
红叶		10
		11
	修剪	12

（月）

夏 修剪

5 月中旬~6 月

✂

1 整理树形

突出树冠的枝条应当从基部剪除，以整理树形。

3 剪除分蘖枝

分蘖枝从地表处剪除，向下生长的枝条也要从基部剪除。

2 疏剪拥挤枝

枝条拥挤杂乱会影响通风和透光，在有影响的部位要选择老枝剪除。

花芽分化　春季新生长的枝条上，最初的 1~4 节产生 1 厘米左右的小叶，在小叶之上产生普通的叶子。最初产生于 1~4 节的小叶很快会脱落，并在脱落后的叶腋处产生花芽。

2 修剪混杂的粗枝

交叉枝、伸长到内膛的内向枝等无用的粗枝，最初要从分枝处的基部剪除，如果从枝条的中间修剪，会从切口萌发出很多的分枝，造成树冠内枝条混杂，通风状况差，容易发生病虫害。

 修剪枝条时从基部剪除。

 在节和节之间修剪，枝条容易枯死。

1 按自然树形修剪

突出树冠的枝，只要修剪中间的枝条，枝条前端就会形成自然的树形。

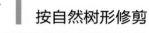

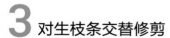

4 几年后更新主干

分蘖枝出现后要勤剪除。过几年后，要剪除老化的主干，培育姿势好、长势比较好的分蘖枝，用于主干的更新。

3 对生枝条交替修剪

枝条上一处会萌发 2 个分枝（对生），要在相互不同的方向交替修剪分枝。

\完成/

枝条的前端修剪后呈自然流线形。

树冠内部枝整理较好，通风、透光。

桃叶珊瑚

雌雄异株，结红色果实的是雌株，有叶斑，在欧洲非常受欢迎。

基本资料

科属　山茱萸科桃叶珊瑚属
类型　常绿阔叶树
树形　株直立型
树高　1~3 米

* 在幼年树木中，把超出树冠的枝条从基部剪除，就能自然矫正树形。

修剪要点 ✂

过于混杂的枝，相互在不同的地方修剪，最后形成的树形看上去很舒畅。

老枝、无用的分蘖枝要从根基部剪除。

过大的植株，在任意高度节点上，都可以进行回缩修剪来调整树高。

修剪月历（月）

月	
1	结果
2	
3	
4	开花
5	
6	修剪
7	花芽
8	
9	
10	
11	结果
12	
（月）	

夏
修剪
5 月中旬~
6 月
✂

1 剪除无用枝

徒长枝、老枝等要从地表或枝条基部剪除，保证树冠内通风、透光。

4 拥挤枝采用交互修剪的方式

枝在一处萌发 2 根枝条（对生枝），枝数多的时候，在相互不同的枝节点修剪。

5 修剪分蘖枝

无用的分蘖枝从根基部剪除。株直立的主干在老化的情况下，从地表处剪除主干，培育分蘖枝来更新主干。

花芽分化　7 月~8 月上旬，在雌株春季伸长枝条的前端分化花芽，第 2 年春季开花。

2 枝太大时要回缩修剪

果实着生在枝条的顶端，如果任其生
长，着果位置会逐年提高。生长成过
大的植株，在任意高的节点进行回缩
修剪，都可以萌发新枝。

3 斑点品种应剪除 有绿叶的枝条

有斑点的品种，但是没有产生斑点、
仅有绿叶的情况下，将其枝条从基
部剪除。

培育树木适宜的高
度、欣赏红色果实。

\完成/

形成馒头形状
的圆形树冠。

齿叶冬青

耐平剪能力强，绿篱、球形树冠、椭圆形树冠等造型经常被应用。

基本资料

科属	冬青科冬青属
类型	常绿阔叶树
树形	干直立型
树高	2~6 米

＊雌雄异株，如果雌雄株不在一起就不能受粉结果。

◆枯枝、内向枝要剪除，以保证树冠内通风、透光。

◆分蘖枝、徒长枝等无用枝，都要从基部剪除以进行树形的整理。

◆作为绿篱及球形树冠造型的情况下，每年要修剪 2~3 次。

修剪要点 ✂

修剪月历（月）	
	1
修剪	2
	3
	4
修剪	5
开花	6
	7
	8
修剪	9
	10
	11
	12
	（月）

2 修剪冠内的无用枝

把树冠内的内膛枝、交叉枝、枯枝等全部剪除，保证树冠内有充足的光照。

3 修剪萌芽枝和分蘖枝

从树干上直接萌发的枝条（萌芽枝）、分蘖枝等要全部剪除。但有些枝条作为将来的培育枝条，可以适当保留。

1 修剪跳枝

修剪时，首先要把从树冠内突出的枝条、从树冠深处该枝条的基部剪除，横向伸出的突出枝也要从树冠深处该枝条的基部剪除，在日语中这叫"剪跳枝"。如果不"剪跳枝"，直接进行平剪，粗枝的切口会暴露在树冠表面，就看不到好的树冠效果。

4 用长柄修枝剪整理树形

任其生长会产生很多分枝，造成树形混乱，所以，每年要进行2~3次平剪以整理树形。虽然是耐修剪的树种，但是，如果进行深度修剪造成枝条周围没有叶子，也有可能造成枝条枯死的情况发生。

没有突出枝，树形美观。

| 完成 |

没有枯枝和下垂枝。

油橄榄

如果没有两个种类以上的品种在一起种植，是不能开花结果的。

基本资料

科属　木樨科橄榄属
类型　常绿阔叶树
树形　干直立型
树高　6~10米

★油橄榄属于浅根性树种，抗风能力弱易倒伏，应尽可能控制一定的生长高度。

修剪要点

- 萌芽力强，即使剪除了粗枝条也会很快萌发新枝。
- 属于枝条密生型，要进行透光修剪，以保证树冠内通风、透光。
- 可以用长柄修枝剪修剪成绿篱形状。

修剪月历（月）

	月
修剪	1
	2
	3
	4
	5
开花 修剪	6
花芽	7
	8
	9
	10
果实	11
	12
	（月）

4 疏剪拥挤枝

细枝易萌发形成密生型，在一个枝节处可以萌发很多小枝，形成重叠交叉的情况下，要把伸长较长的长枝从基部剪除进行疏枝。

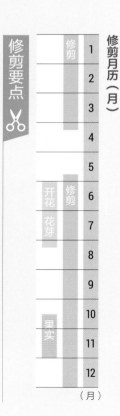

3 修剪分蘖枝

分蘖枝如果任其生长，会消耗树体的养分和水分，产生的分蘖枝要从根基部剪除。

花蕾形成

在新枝生长的 3 月下旬~5 月，在叶腋处形成花蕾，在当年的 6 月形成房状花序并开花。

1 修剪徒长枝

突出树冠的徒长枝要从基部剪除。

2 修剪无用枝

交叉枝、下垂枝、枯枝、小枝等无用枝，都要从基部剪除进行树冠整理，保证树冠内通风、透光。

\完成/

没有突出枝，树冠整齐。

枝条不混杂，通风、透光。

三裂树参

幼树的叶子颜色很深并有缺口，成年树木的叶色变浅。

基本资料

科属	五加科树参属
类型	常绿阔叶树
树形	干直立型或株直立型
树高	5~7 米

春 修剪
2 月下旬~
4 月中旬

夏 修剪
5 月中旬~
9 月

冬 修剪
10~12 月

修剪要点 ✂

◆ 如果任其生长，树会长得很高，所以要修剪直立枝以控制树高。

◆ 修剪枝条时要在枝外芽叶上部进行，以增加萌发新枝的数量。

◆ 植株是株直立的情况下，分蘖枝要从根基部剪除，以控制主干的枝数。

※ 树叶主要分布在枝条的前端，所以粗枝如果修剪过长，就不能萌发新叶，造成枝条枯死。

修剪月历（月）

月	
1	
2	
3	修剪
4	
5	修剪
6	开花
7	
8	
9	花芽
10	
11	
12	

（月）

3 更新枝条

具有生长缓慢、下部叶子枯死的特性。修剪的时候要在外芽叶部以上进行，促进新枝的萌发，这样处理，新枝上的叶子可以替代老枝上的枯叶。

1 缩短高度

过高的树木要在主干分枝部位进行回缩修剪，降低树木的高度。

2 修剪内膛枝

向树冠内侧伸长的内膛枝要剪除，以保证树冠通风、透光。

\ 完成 /

4 疏剪主干

培育株直立主干的情况下，要剪除分蘖枝，按主干枝留2~5根进行疏剪，保证树体透光良好。

没有枝条混杂的部位，透光良好。

短剪主干形成树干不太高的树形。

花芽分化　在当年生长的枝条顶端形成花芽，从此花柄伸长，扇形的伞房花序着生很多小花。

光叶石楠

具有红色鲜艳叶子的石楠，常被用作绿篱。

基本资料

科属　蔷薇科石楠属
类型　常绿阔叶树
树形　干直立型或株直立型
树高　3~4 米

春
修剪
3月下旬~
4月上旬

夏
修剪
5月中旬~6月

秋
修剪
9月中旬~
10月中旬

1 修剪徒长枝

从树冠内部伸出的徒长枝，要从树冠内部的枝条上保留部分叶子后剪除。

3 修剪长枝要在小枝分叉处进行

如果在长枝的中间修剪，会再一次生长出长杆枝，与长枝相比最好是增加细枝的数量，不在长枝的中间修剪，而在小枝的分叉点修剪是最好的。在小枝的前端修剪，又可以萌发出更多的细枝。

4 修剪粗枝以增加枝数

修剪粗枝，使新枝不断地萌发出来，每年看到红色叶芽的机会增多，增强了观赏性。

修剪要点 ✂

用作绿篱的光叶石楠进行平剪时，为了防止叶斑病的发生，最好不要用长柄修枝剪，而要用手动修枝剪。

在长出细枝的分枝处修剪徒长枝，以增加枝的数量。

因为新芽是红色，所以在绿叶处修剪，可以萌发多次新芽，红色叶子景观很美。

修剪月历（月）	
	1
	2
修剪	3
开花	4
修剪	5
	6
花芽	7
	8
修剪	9
	10
	11
	12
	（月）

花芽分化　在新伸长枝的顶端分化花芽，之后花柄伸长形成圆锥花序并着有很多小花。

2 修剪内向枝和下垂枝

树木的内向枝及下垂枝，要从基部剪除。——

5 绿篱的平剪最好
用手动修枝剪

光叶石楠有一种病害叫叶斑病，长柄修枝剪
和电动修枝剪的刀刃很粗，切口粗糙容易
感染发病，一定要用手动修枝剪进行修剪。

| 完成 |

绿篱叶生长紧密没有缝隙。

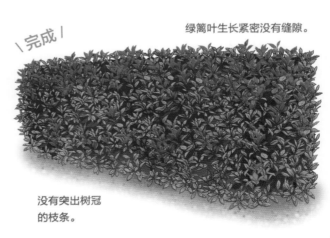

没有突出树冠
的枝条。

光蜡树

作为一种具有象征（标记）性的庭院树种受到人们的喜爱。管理的要点是不要长得太高（控制树高）。

基本资料

科属　木樨科梣属
类型　常绿、半常绿阔叶树
树形　干直立型
树高　3～10 米

修剪要点 ✂

◆如果任其生长树高可以达到 10 米以上，在人们能够对树木进行管理操作的范围内，采用摘心等措施控制树高，使树高控制

◆可以大胆地对树体进行疏枝修剪，树体通透后树冠更加漂亮。

◆容易萌发分蘖枝，要控制株直立枝的数量。

★生长速度较快，在 5～8 月也可以进行 2 次修剪。

修剪月历（月）

（月）
1
2
3　修剪
4
5
6　开花 修剪
7
8　花芽
9
10
11
12
（月）

春
修剪
3 月下旬～
4 月上旬
✂

夏
修剪
5 月中旬～
10 月中旬
✂

3 剪除老枝

老而粗的枝条要从主干的部位剪除，使细枝萌发。

4 控制主干

如果任其生长树高可以达到 10 米以上，所以树高要控制在 3 米左右。在人们能够对树进行管理操作的范围内剪除主干，增加侧枝的数量。

2 疏枝

拥挤枝、伸长过大的枝要在枝条分叉处剪除，整理树形。使树冠内部通风、透光，给人一种赏心悦目的感觉。

花芽分化　花芽在枝条前端形成房状花序，结出观赏价值较高的灰白色果实。

1 剪除徒长枝

树冠上部容易产生徒长枝，应从枝干的基部剪除。如果放任其生长，树冠上部叶子会过密，影响下部的枝叶生长。

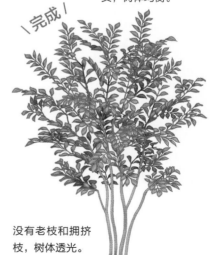

枝头着生花序和果实，树体均衡。

\完成/

没有老枝和拥挤枝，树体透光。

小叶青冈（厚皮香）

小叶青冈是栎树类中通过修剪就能保持一定树形的树木。

基本资料

科属　壳斗科栎属
类型　常绿、半常绿阔叶树
树形　干直立型
树高　5~20 米

* 山茶科厚皮香属的厚皮香和它的修剪方法一样。

修剪要点

◆ 耐平剪能力强，按空间大小和要求可以任意进行强修剪。

◆ 枝条混杂可以进行疏枝修剪，防止树冠内有枯枝。

◆ 容易形成徒长枝，所以徒长枝、拥挤枝要从基部剪除。

修剪月历（月）

月	修剪	开花	花芽
1	修剪		
2	修剪		
3	修剪		
4			
5	修剪	开花	
6	修剪		
7			花芽
8			
9			
10			
11			
12			

全年修剪

除 **4** 月中旬~**5** 月中旬以外

1 修剪徒长枝

修剪从树冠突出的枝条，防止树干长得过高。

2 保持高度

按空间间隔决定树高，对主干进行修剪。

花芽分化　雌花在新生枝叶腋处分化花芽，形成 3~4 个穗状花序。雄花在新枝下部或是上一年枝条的叶腋处分化花芽，形成尾状花序。

4 修剪树冠突出枝

除了徒长枝以外，横向生长的枝条也不能太扩展，考虑树冠的均衡性，在分枝处进行修剪。

3 整理拥挤枝

在一处节点上发出很多根枝条的情况下，根据树体的均衡性进行疏枝修剪，保证树冠内通风。

5 修剪分蘖枝

株直立型植株的情况下，主干枝控制在 2~3 根后将分蘖枝从地表处剪除。

\ 完成 /

按照空间大小保证树的高度。

整理、修剪了从树冠上伸出的突出枝。

171

冬青（细叶冬青）

冬青是雌雄异株，如果雌株和雄株不在一起，是不能结出红色的果实的。

基本资料

科属	冬青科冬青属
类型	常绿阔叶树
树形	干直立型
树高	3~7 米

* 同属的细叶冬青修剪方法是一样的。

修剪要点 ✂

◆ 生长比较缓慢，自身能够形成自然树形，没有必要进行强修剪。

◆ 按管理比较容易的树高，对树干进行摘心。

◆ 易出现萌芽枝，要整理混杂的枝条。

修剪月历（月）		
修剪	修剪	1
		2
		3
		4
		5
开花	修剪	6
		7
花芽		8
		9
		10
		11
		12
		（月）

全年
修剪

除 4 月中旬～
5 月中旬以外

✂

4 修剪对生枝

在枝条的一处萌发出两根互相对称的枝称为对生枝。枝条混杂的情况下要剪除一根枝。向下的枝、特别向上伸长的枝、向树冠内侧伸长的枝等均要剪除。

5 从地表剪除分蘖枝

为了使株直立型植株的枝条不要太多，应剪除分蘖枝。如果主干枝已衰老，则要从根基部剪除，留下分蘖枝作为更新枝。

花芽分化

在春季萌发伸长新枝的叶腋处形成花芽。

3 剪除老枝进行更新

老的粗枝要从基部全部剪除，使新枝萌发出来。修剪粗枝的时候，要保留枝基部下侧的鼓起部分（枝基瘤），如果剪除枝基瘤，切口会流出树液而不能愈合，形成枯枝。

1 修剪徒长枝

向上伸长的徒长枝，要从枝干的基部剪除。

2 修剪横向扩张枝

要修剪横向强势扩张的枝条，避免横向冠幅太大，保持树体整齐、均衡。修剪枝条时不要在枝的中间修剪，要在与细枝的分枝处剪除横向枝。

ⓧ 在枝条的中间修剪，容易造成枝条枯萎。

看不到修剪切口，枝叶繁茂。

没有拥挤枝，通风、透光。

白檀

生长缓慢基本上不用怎么修剪，是面向有限空间的庭院栽植的树木。

基本资料

科属	山矾科山矾属
类型	常绿阔叶树
树形	株直立型
树高	3~4 米

花芽分化

在新伸长枝条的叶脉处形成花芽。5~10朵花集中开放。

春 修剪
3 月下旬~
4 月上旬

夏 修剪
5 月中旬~
10 月

修剪月历（月）

月	
1	
2	
3	修剪
4	开花
5	修剪
6	
7	花芽
8	
9	
10	
11	
12	

修剪要点

◆ 生长比较缓慢，没有必要进行频繁修剪。

◆ 修剪徒长枝、横向伸长枝，保持树形。

◆ 生长衰弱的粗枝要从基部剪除，让其萌发新枝进行更新。

* 不要进行过多的修剪，保持自然树形的观赏景观。

3 修剪徒长枝

树冠上部直立的徒长枝要从基部剪除。

1 修剪横向扩张枝

枝条横向扩张会影响树冠整体的美观，所以要剪除，以保持树形的整齐完美。

2 修剪老枝

老的粗枝应从基部剪除，保证树冠内通风。新枝生长后树木就又变得年轻了。

4 修剪分蘖枝

分蘖枝要从地表处剪除。如果植株衰老变弱，把老主干枝从基部剪除，培育分蘖枝作为主干枝对植株进行更新。

\完成/   优美纤细的枝干。

枝条间有空隙，
通风、透光。

日本黄杨（日本冬青）

有叶斑为白色的银黄杨、黄色的金黄杨和黄金黄杨等品种。

春
修剪
3月~
4月上旬
✂

夏
修剪
5月中旬~
11月
✂

基本资料

科属	卫矛科卫矛属
类型	常绿阔叶树
树形	株直立型
树高	1~6米

修剪要点 ✂

* 矫正树形时，春季进行强修剪，可以修剪出自己喜欢的树形。

◆ 对于叶子有斑点的品种，如果枝条上只有绿色的叶子的时候，连枝条一起剪除。

◆ 对上部的枝条进行强修剪，对下部的枝条进行弱修剪，能够保持树势整体的均衡。

◆ 即使在枝条上修剪也可以萌发出新芽，所以是适合用作绿篱的树种。

修剪月历（月）

月	
1	
2	
3	修剪
4	
5	修剪
6	开花
7	花芽
8	
9	
10	
11	
12	

（月）

4 疏枝

在枝条的一处萌发出两根互相对称的枝称为对生枝。枝条混杂的情况下要进行对生枝的疏枝修剪，使阳光能够照进树冠内部。

花芽分化 3~4月在枝条下方1~3个节点处形成花序，花序形成2~3个月后开花。

1 修剪成为主干的枝

植株是株直立的情况下，选定作为主干的枝，按自己喜欢的高度修剪。

2 剪除无用枝

突出树冠的徒长枝、横向强势伸长枝、面向树冠内部伸长的内膛枝等无用枝（参见第 25 页）都应该从基部剪除。

3 根据自己喜欢的树形进行修整

从上至下渐进修剪，保证树冠整体的均衡。

没有向上和横向的枝条。

5 剪除下枝和分蘖枝

控制株直立型植株的枝数，无用的分蘖枝要从地表处剪除，下枝也要从基部剪除。

用作绿篱时，叶子密生没有间隙。

交让木

新芽一产生，就好像换时代一样老叶落下，因此被称为"缘起木"。

基本资料

科属　虎皮楠科虎皮楠属
类型　常绿阔叶树
树形　干直立型
树高　3~10 米

＊果实是黑色的，不能食用。

修剪要点 ✂

◆ 修剪只要剪除徒长枝、拥挤枝就可以了。
◆ 修剪老枝控制叶子的数量，保证树冠内部通风、透光。
◆ 萌芽力弱，如果进行强修剪，会造成枝条枯死，这一点要注意。

修剪月历（月）

修剪月历	
	1
	2
修剪	3
开花	4
	5
修剪	6
花芽	7
	8
	9
	10
	11
	12
	（月）

春
修剪

3 月中旬~
4 月上旬
✂

夏
修剪

5 月中旬~
12 月中旬
✂

1 修剪超出树冠的枝

徒长枝、横向强势伸长的枝、超出树冠的枝等要从基部剪除。

2 修剪分蘖枝

从地表处剪除分蘖枝，影响树形的下枝也要从基部剪除。

3 修剪拥挤枝

在一处生长出多根枝条，会产生枝条混杂现象，所以要剪除强势枝，使树体能通风、透光。

花芽
分化
雌雄异株或是同株，有雌花开花的雌株和雄花开花的雄株。在上一年伸长枝条的叶腋处会聚集着多个花芽。

修剪方法

一般的修剪方法

修剪时正确的方法是，在叶子上方和枝条方向垂直修剪。

在人们能看到的情况下

作为"缘起树"，常常被种植在大门入口处、人们的视线都能看到的范围内。因此，修剪时切口要斜向并对着内侧，让切口避开人们的视线。

\完成/

整体枝叶茂盛、数量适中，树冠轻盈。

4 3个分枝的修剪

同一处具有3个分枝的情况下，要从基部剪除中心枝，留下的另外2根枝按规定的高度进行修剪。修剪时，要在枝条上保留一定数量的叶子，并对叶子以上部分的枝条进行修剪。

枝干整理清爽，通风、透光。

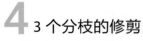

柏木属

有大果柏木、美洲柏木（绿干柏）、地中海柏木等很多种。

基本资料

科属	柏科柏木属
类型	常绿针叶树
树形	干直立型
树高	4~6 米

修剪要点 ✂

◆ 生长速度很快，一年进行一次平剪以保持树形。

◆ 新芽伸长之前用平枝剪修剪。

◆ 1~2 月剪除树冠内部的老枝，避免出现叶量过多过密。

＊崖柏属的北美香柏（金钟柏）、侧柏属的侧柏等都可以用同样的修剪方法。

修剪月历（月）

修剪	月
修剪	1
	2
	3
	4
	5
修剪	6
	7
	8
	9
	10
	11
	12
	（月）

全年修剪

除 **4** 月上旬~ **5** 月下旬以外

✂

2 修剪主干控制高度

树木过高，需要限制高度的情况下，可以在主干的分枝部位进行摘心。日本香柏属树的品种属于浅根性树种，根系不发达，树高后遇强风会倒伏。最好培育成高度 2 米左右、低矮小型紧凑的树形。

4 最好是在新芽生长之前修剪

在新芽生长之前的 3 月，可以用长柄修枝剪修剪。如果新芽伸长之后用长柄修枝剪修剪，切口显露，气温高时切口会变成茶色，影响树外形的美观。

※ 以上是以柏木属中的大果柏木的园艺品种金冠大果柏木作为例子介绍的。

1 修剪伸出树冠的枝

自然生长也能很容易长成圆锥形的树形，但需要从基部剪除伸出树冠的枝条。发现横向伸出的枝条要立即剪除，防止树冠横向发展和树冠内产生枯枝。

3 清除树冠内部的枯枝叶

树冠内部的枯枝要从基部剪除，枯叶可以用手进行清理。

\完成/

漂亮圆锥形树形。

没有枯枝叶。

龙柏属

日本圆柏的园艺品种，不管是日本和式还是欧美西式庭院都在使用该树种。

基本资料

科属　柏科刺柏属
类型　常绿针叶树
树形　干直立型
树高　5~8 米

修剪要点 ✂

◆如果用长柄修枝剪修剪会损伤枝条，伸长的枝叶最好用手动修枝剪进行修剪。

◆没有叶子生长的枝条上是不可能萌发新的枝叶的，所以修剪时要保留叶子。

◆向下生长的下垂枝，要从基部剪除。

★太大的树木不要进行一次性地回缩修剪，要每年慢慢地进行。

修剪月历（月）

	月
修剪	1
	2
	3
开花	4
	5
修剪	6
	7
	8
	9
	10
	11
	12
	（月）

全年修剪

除 4 月上旬~5 月下旬以外 ✂

4 修剪枯枝、下垂枝

如果枝条过多混杂，树冠内部的枝叶就会枯死。枯枝、下垂枝应该从基部剪除。

1 修剪突出树冠的枝

观察整个树形,影响树形的突出枝,
每根枝都要用手动修枝剪修剪,要
从树冠内部枝条的基部剪除。

2 不要修剪叶子

如果用长柄修枝剪进行大面积修剪,
叶子会在枝条中部被修剪掉。如果
叶子在中间被剪掉,会损伤枝条,
切口会一直保留下来,影响树木局
部景观。应该用手动修枝剪在枝的
基部剪除的修剪方法。

3 摘除针叶

柏木的叶子细长、前端是圆形,接触
后不会有刺痛感。如果进行强修剪,
枝条前端会长出尖的针叶。出现针叶
后每根枝都要从基部剪除。

/ 完成 /

没有横向突
出的枝条。

没有不透气、
下垂的枯枝。

竹类

大致上可分为干直立型中型竹、株直立型的丛生竹和小型的细竹等。

基本资料

科属　禾本科
类型　常绿
树形　干直立型或株直立型
树高　1.5~10 米

全年
修剪
除 **4** 月上旬~
5 月下旬以外

中型竹种

业平竹、罗汉竹、紫竹等。

4 整理侧枝

一个竹节上产生多根侧枝的时候，要从基部剪除侧枝，进行疏剪，余下的侧枝也要从基部开始留下 2~3 节后修剪。修剪时，一定要在节点以上部位进行。

修剪要点 ✂

竹子

◆ 如果生长过于密集，将老干从根基部剪除进行疏伐。

◆ 采集竹笋的时候，如果要更新主干，就适当保留一些笋用于主干的更新。

◆ 干在 2~3 米高时要在结点上进行摘心处理，以控制高度。

细竹

◆ 叶子过于茂密时，要用长柄修枝剪进行平剪。

◆ 维氏熊竹等叶子大的种类，在新芽出现时，要进行摘心。

◆ 3~4 年要一次从地表剪除所有的老竹，进行更新。

修剪月历（月）	修剪	月
	修剪	1
		2
		3
		4
		5
	修剪	6
		7
		8
		9
		10
		11
		12
		（月）

1 摘心

要控制竹子高度，就在高 2~3 米的节点上部剪除新梢，植株就停止伸长。如果有数根枝排列，可变化高度进行修剪，会产生出另一番韵味。

2 挖笋

竹类是地下茎伸长，每年在地下茎的节点上发出笋。挖笋的原则基本上是从根部挖除，老干经过间伐后为了产生新干，要适当保留一些竹笋作为将来的主干。

3 老干更新

经过 3~4 年的生长，干变老、褪色，所以要从根基部剪除，用新笋进行更新。

没有枯枝叶，竹干不褪色，绿色的枝叶茂盛。

\完成/

竹干不过分密集，看上去清爽。

夏
修剪

5月下旬～
9月中旬

丛生竹种

蓬莱竹、苏芳竹、孝顺竹等。

1 摘心

丛生竹地下茎很短，像低矮乔木一样，所以，适合做绿篱、圆球形树冠等。要控制竹高的时候，在希望的竹子高度的节点以上摘心。

2 平剪枝叶

如果放任其生长，枝叶茂盛，枝叶过多时采用平剪，增加通风。伸出树冠的侧枝要在节点以上部位修剪。

3 间伐剪除老竹

如果产生很多竹干，老干从根基部剪除，保证丛生竹中间通风、透光。

全年
修剪

除 4 月上旬~
5 月下旬以外
✂

细竹

除了山白竹、菲竹之外，小型的竹子（倭竹）等也是同样的修剪方法。

1 修剪新芽

细竹每年生长的新笋，其高度比过去的竹子还高，如果任其生长，就会生长成像高的杂草一样，可以用长柄修枝剪进行修剪，以控制高度、整理树冠。

2 拔去新芽

山白竹是属于大叶竹，发现新芽生长出来后，要立即拔去新芽，以控制竹子的高度。

4 从地表修剪老枯枝

细竹类植株容易向周围扩张生长，每 3~4 年从地表处彻底平剪 1 次，适合的时期是 3 月或是 6 月。

3 平剪叶子

长势强、耐平剪。枯枝多、竹干过高的时候，在自己希望的位置进行平剪。作为花坛植物栽植时，竹叶不一定需要太多，可以进行叶修剪。

云杉属

常见的有蓝叶云杉、欧洲云杉、红皮云杉等种类。

基本资料

科属　松科云杉属
类型　常绿针叶树
树形　干直立型
树高　1~30 米

★ 云杉属中的德国云杉、冷杉属的日本银叶冷杉等都是同样的修剪方式。

修剪要点 ✂

◆ 扎根深、生长旺盛，如果树长得很高要进行摘心处理。

◆ 横向枝条长得太长的时候，只要进行枝条的回缩修剪就可以了。

◆ 要注意不要进行平剪，不然会对树枝叶造成损伤。

修剪月历（月）	
修剪	1
	2
	3
	4
	5
修剪	6
	7
	8
	9
	10
	11
	12
（月）	

2 修剪拥挤枝

拥挤枝、内向枝、下垂枝等，从影响树形的分枝处剪除。

3 修剪枯枝

树冠内部的枯枝要从基部剪除。

4 修剪直立枝

枝条向水平方向伸长的品种，如果枝条向上生长形成直立枝，要把直立枝从基部剪除。

5 修剪下枝

下枝会影响树木的观赏性，应当从基部剪除。

1 控制高度时要摘心

树高太高、不想树长得太大的时候，要在主干分枝处进行修剪、摘心。如果在枝条中部修剪，摘心后的枝条不能直立生长，会出现枯死等症状，所以要尽可能从枝条基部剪除。

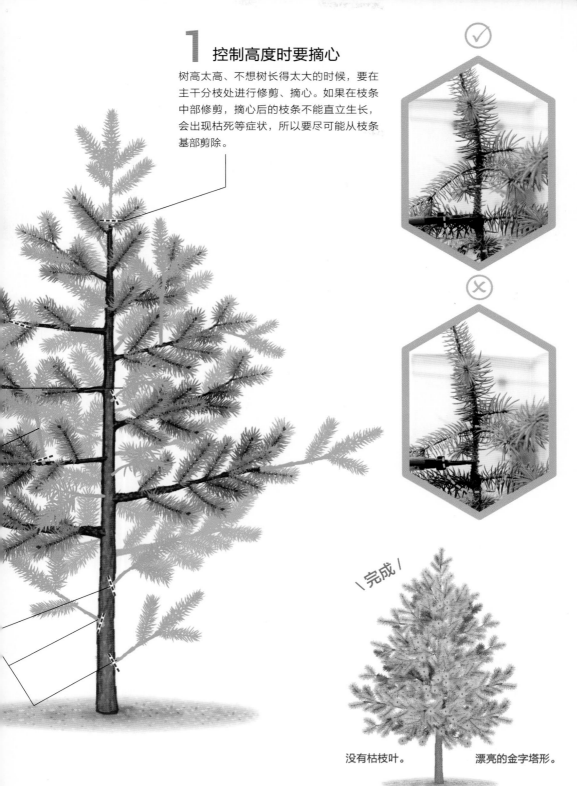

\完成/

没有枯枝叶。　　　漂亮的金字塔形。

※ 图解中是以蓝粉云杉为例进行的说明。

扁柏属

有日本扁柏、花柏、美国扁柏等，日本花柏是花柏的一个园艺品种。

基本资料

科属　柏木科柏木属
类型　常绿针叶树
树形　干直立型
树高　5~7米

★美国扁柏和香扁柏的园艺品种金叶花柏等，都可以采用同样的修剪方式。

日本扁柏的园艺品种黄金孔雀柏、花柏的园艺品种日本花柏和香扁柏的园艺品种金叶花柏等，

◆叶是金黄色或是有斑点的园艺品种，如果有绿色叶子出现，所在的枝条都要剪除。

◆不管什么时期修剪，从树冠中伸出的枝条都要用手摘除。

修剪要点 ✂

修剪月历（月）

修剪要点	修剪	月
	修剪	1
		2
		3
		4
		5
	修剪	6
		7
		8
		9
		10
		11
		12
		（月）

全年
修剪
除 4 月上旬~
5 月下旬以外
✂

1 大的树木进行回缩修剪

太大的树木在 2~3 米的分枝处进行回缩修剪。

4 修剪冠内的枯枝

树冠内部的细枝由于见不到阳光，大多会枯死，要从枝条基部剪除。

5 上部强修剪、下部弱修剪

修剪圆锥形树形时，上部的枝条进行强回缩修剪，下部的枝条前端进行适当程度的修剪整理，保证整个树势的均衡。

6 叶子有斑点的品种修剪绿叶枝

对于叶子有斑点的品种，在出现绿色叶子时，要从枝条基部剪除每一根绿叶枝条。

2 枝条透光

如果树冠内部光照不足枝条容易枯死，为了保证树冠内部有充足的光照，要剪除树冠内部无用枝、交叉枝等，以保证树冠内部透光、通畅。

3 不要剪叶

如果用剪刀修剪叶子，切口总会留下明显的伤口，影响树形外观。修剪时，一定要从叶子或是枝条的基部修剪。不用剪刀，用手摘除叶子也可以，无论是用手摘还是用剪刀修剪，一定要留下部分叶子。如果枝条上没有绿叶，就不能生长出新叶。

叶子飘逸、枝条下垂。

\完成/

枝条通透，树木给人一种明亮的感觉。

※ 图解中是以金线柏为例进行的说明。

刺柏属

有干直立型的山刺柏、欧洲刺柏，也有匍匐型的铺地柏。

基本资料

科属　柏木科刺柏属（杜松属）
类型　常绿针叶树
树形　株直立型或匍匐型
树高　3~5 米

★美国铺地柏中的品种铺地柏（匍匐型）是同样的修剪方式。

修剪要点 ✂

◆保持圆锥形树形，对伸出树冠的枝条进行修剪。

◆枝条混杂时，蒸腾加快，叶子会枯萎，为保证叶子不重叠而进行枝叶整理修剪。

◆对于生长速度快、树高的品种，在春季要剪除最高的主干。

修剪月历（月）

修剪	月
修剪	1
修剪	2
修剪	3
	4
	5
修剪	6
修剪	7
修剪	8
修剪	9
修剪	10
修剪	11
修剪	12

（月）

全年
修剪
除 4 月上旬~5 月下旬以外 ✂

1 留 1 根主干

像北美圆柏中"欧洲刺柏"一样的品种，在生长过程中会出现许多主干，从幼树开始只能保留 1 根主干，其他的侧枝全部剪除。

4 修剪横向突出的枝条

即使是圆锥形的树，经过数年的生长，横枝会强力地向外生长。粗的、长势强的横枝要从基部剪除，用相对较细的侧枝来保持树冠的圆锥形。

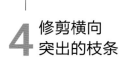

※ 图解中是以山刺柏为例进行的说明。

修剪方法

匍匐型的刺柏

在地面上生长的具有匍匐性的刺柏，对横向枝条进行回缩修剪，使其不要扩展太多。另外枝叶重叠时，蒸腾加快，下部的枝叶会枯死，所以重叠枝应该从枝条下部剪除。

2 摘心

像山刺柏的"落基山圆柏"一样、几年长到 5~6 米的品种，每年在主干分枝处回缩修剪，在其下部的侧枝也要剪去一半。

\完成/

没有扩展的侧枝，树形保持圆锥形。

没有交叉枝和枯枝。

3 修剪枯枝和下枝

树冠内的枯枝及伸出树冠的下枝，要从基部剪除。

松属

在庭院树木中最受人们喜爱的松树是：树皮为红色的赤松、树皮为灰色的黑松、5根针叶的五针松等。

基本资料

科属　松科松属
类型　常绿针叶树
树形　干直立型
树高　2~15 米

修剪要点 ✂

★弯曲枝条及弯曲树干的造型等，最好委托庭院造型师等专业人士进行。

夏季「摘芽」，所谓「摘芽」，就是把枝条前端新生芽摘掉。

冬季「疏叶」，所谓「疏叶」，就是摘芽后将新生长枝条上的叶子剪除一半。

拥挤枝的疏剪、无用枝的修剪，在一年中的任何时候都可以进行。

修剪月历（月）

月	
1	
2	
3	
4	
5	摘绿 / 修剪
6	摘绿 / 修剪
7	
8	
9	
10	搓叶 / 修剪
11	搓叶 / 修剪
12	

（月）

夏 修剪

4 月中旬~
6 月中旬
✂

●进行摘芽

摘芽是摘除新芽的作业。如果放置不管，会造成树形的混乱，所以在新芽萌发的时候要进行摘芽。可以按照下列方法进行。

松树的新芽

摘芽的方法（1）

一般的摘芽

用手指首先把枝条顶部的中心最长的芽从基部摘除，其余的新芽全部从基部摘除，只留下 3 个芽。芽下部枝条上的叶子要摘除一半。

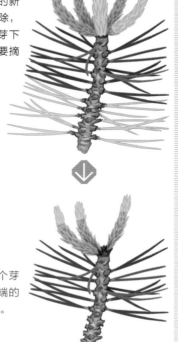

为了让余下的 3 个芽生长整齐，芽前端的 1/3~1/2 用手摘除。

摘芽的方法（2）

更加完美树形的摘芽

图中介绍的是一般的摘芽方法，也是一种简便的方法。要想得到更加完美的树形，需要用 5 周的时间采取下列摘芽方法，使芽整齐、生长一致。

第一周是摘除最小的芽；第二周是摘除第二小的芽；第三周是摘除第三小的芽；第四周是摘除第四小的芽；最后在第五周的时候把余下的新芽按 2/3 长度用手摘除。这样下面再发出的新芽大小一致，美观整齐。

图片是第五周的摘芽，左边是留下的最大的新芽，这个新芽留下 1/3 左右，其余部分用手摘除。

不恰当的松叶修剪方法

像图中一样，把针叶束成一把，用修枝剪修剪，任何时候都会留下切口，有一句话叫作"针叶树不喜欢金属"，这句话的意思就是不能用金属剪修剪针叶，这是一种不恰当的修剪方法。

冬
修剪
10月中旬～
12月

1 疏叶

留下当年生长的新叶、摘除老叶，这就叫摘叶。

摘叶前的状态，长叶是老叶，前端短叶是当年生长的新叶。

摘叶后整齐的状态。

摘叶后只留下新叶。

用手指握住老叶，并轻轻摘除。

2 拔枝

松树生长快，如果任其生长，枝条会不断地伸长，伸长的枝条要从基部去除以保持树形，这称为"拔枝"。拔枝后留下的部分要进行疏叶。

伸长的枝条要从基部进行拔枝。

通过拔枝、疏叶只留下新叶的状态。

枝下半部分的老叶从左右两侧摘除。

拔枝后枝条向下，之后的操作就容易进行了。

196

3 整理分枝

从一个节点上可以发出数根枝条。要修剪中心枝，形成分枝后，整体的树形整理就容易了。

4 剪除枯枝

如果不修剪而任其生长，树冠内部会形成枯枝叶。枯枝要从基部全部剪除，如果仅有枯叶也可以用手摘除。

由于拔枝和摘芽，树冠通风、透光。

|完成|

由于摘叶，形成小枝紧密的树形。

修剪方法

老枝的处理

长时间没有修剪而放任其生长的老枝，要在想使其发出新芽部位、带叶的上部枝条处进行短截，10月～第2年3月都可以进行，然后从短截部位发出新芽进行摘芽（参见第194页）操作。

修剪中的常见问题

Q 地栽庭院树木一定要施肥吗？

A 地栽的庭院树木即使不施肥也能生长，但是使用肥料后，开花结果状况良好。在冬季休眠时最好使用有机肥料，这被称为"冬肥"。冬季肥料在土壤中慢慢分解成有机质，到了春季树木开始萌动时，能充分发挥肥料的效果。

在开花结果后，树木长势减弱，这时用速效化肥可以起到恢复树势的作用，这被称为"追肥"。但是化肥含盐类物质，长期施用化肥，会破坏土壤营养结构的平衡，影响植物生长，甚至会引起树木的枯死，这点要引起注意。

吸收土壤营养和水分的细根常分布在根系外侧，在施肥的时候，在树冠外侧下面的地面挖浅孔，放入均等的有机肥料，再用土覆盖，使肥料慢慢分解（参见第 21 页）。

植物生长所必需的营养要素和肥料的种类请参考下图所示。

肥料的种类

磷酸
开花结果所需的营养元素。

氮素
枝叶生长所需的营养元素。

P **N**

植物生长
必需的
三大营养元素

K

钾
促进根、枝生长的营养元素。

有机肥料
以自然动植物作为原材料制作的肥料，如牛粪、鸡粪、马粪、菜籽饼、骨粉、草木灰等。

化学合成肥料（简称化肥）
具有氮、磷、钾三大营养要素人工合成的肥料，有固体和液体肥料之别。

配合肥料
蔬菜、树木、花卉、蔷薇、果树等带有某种专门用途的有机肥料和化肥配比形成的混合肥料。

Q "摘心"是指什么？

A 这里的"心"是指树干最前端的部分，"摘心"是为了控制树干一定的高度，把主干的上部剪除，来控制树高的一种方法。不想让庭院树木长得太高或是太高的树想使其变低矮而进行的一种修剪方式。

在树木中，向上生长的能力要比横向生长的能力强、生长速度快，因此，到达一定高度的树木要定期修剪向上生长的主干或枝条。

即使"摘心"，也不能完全停止树木向上生长的能力，但是能防止树木长得过分高大。保持树木一定的大小，对于今后庭院树木的管理就容易多了。

Q 修剪垂枝型的树木有秘诀吗?

A 有很多植物的枝条是下垂的,如山桃树、梅花树、樱花树等,它们常被用作庭院绿化栽植。下垂的枝叶随风摇荡的姿势,给人们一种美的享受。

垂枝型树木的枝条呈现弧形下垂,修剪时要从外芽上方开始修剪。这样新生长的枝向外伸长并下垂,扩大了枝和干之间的距离,树膛变大了。

从整体上来说,树木下部的枝条要多留一些,随着树的高度逐步升高,枝条适当减少。下部的枝条如果着地,就要从基部剪除。

垂直向下的枝条从基部剪除。

垂枝品种中,在上面着生的芽是外芽,修剪的时候在外芽上方修剪。

Q 受台风影响,会出现枝条折裂、树干折断的树木,它们会枯死吗?

A 枝条或是树干被折裂或是折断了,大多数树木都不会枯死。但是,外形看起来难看、影响美观,还有枝干落下伤害行人的危险性,所以一定要引起关注。

枝条裂开、折断的部分,在距离裂口最小、没有裂纹的地方修剪。这个时候在距离分枝最近处修剪,分枝会替代裂开的枝干,生长成和原来树形差不多的自然树形。

在树木倒伏的情况下,应立即把根周围的土挖起,马上回土栽植并设立支撑架。但是和树木倒伏相比,如果根部和主干受到大的损伤,恢复可能性就比较小了。

为了防止台风带来的危害,平时的修剪就变得非常重要,要保持树冠内通风良好,事先做好台风的防范工作。一旦气象台发出台风预警时,就要对树木进行修剪整理,把树木中的长枝、交叉枝、拥挤枝等影响通风的枝条都要剪除,中、高的树木要设立支撑柱,特别是像合欢、樱花、针叶树等都是抗台风能力比较弱的树种,台风季节一定要事先做好防范工作。

在不受折断裂缝影响、距离分枝最近处进行修剪。

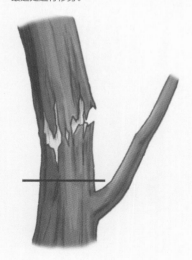

Q 不修剪长得比人们想象的要高大的树木，突然在低位修剪会对树体有影响吗？

 A 为了使过大的树木矮化，有必要采取"摘心"。但是，要尽量避免一次性在过低的位置对枝和干进行剪除。如果树木一次性对主枝、主干进行剪除，这种强烈的刺激会破坏树体内的整体均衡性，一下子会萌发出强势的枝条。也就是说从修剪后的树木的块状愈合体的切口上，会萌发大量的徒长枝并强势伸长，即使进行修剪外观也很难看，影响了树形整体的美观。

为了防止类似情况的发生，应该采用以下方法：在保持自然树形的前提下，每年逐步地对树木主干进行回缩修剪。

落叶树和针叶树在 12 月～第 2 年 2 月的冬季落叶期和休眠期进行修剪，常绿树种在新芽生长完成的 6 月～7 月上旬或是 10 月，是进行适量修剪的适宜时期。

依靠人工方式不能完成作业的大树，只有选择采伐途径，但这种情况下，最好和专业人士商量后再决定。

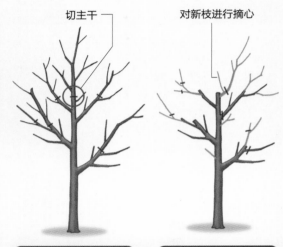

切主干 | 对新枝进行摘心

第1年的修剪

在树高 1/3 处切主干，其余的主枝不要进行强修剪，看看枝条长度的均衡度，在分枝处修剪小枝，无用枝要从基部剪除，保持冠内通风。

第2年的修剪

第 2 年从主干切口处萌发新枝，在向上伸长的新枝中，选择着生在最低位置的新枝作为新的主枝保留，进行修剪，如果每年都保持在主枝高度的位置进行修剪，就能防止树木长高。

Q 什么是老枝开花和新枝开花？修剪方法有什么不一样吗？

A 老枝开花是指在上一年生长的枝条上着生了花芽、第 2 年开花的类型，也称为上一年枝条开花。这种类型是在开花后与花芽分化前进行修剪。冬修剪仅是对当年伸长的枝条中的拥挤枝进行一定程度的疏枝修剪。皱叶玉兰等玉兰属树种、绣球、山茶、茶梅、日本紫茎、紫丁香等花木都是此种类型。

新枝开花是指在当年春季伸长的枝条上形成花芽，是初夏至夏季及秋季开花的类型。这种类型的修剪即使在 12 月～第 2 年 3 月进行，第 2 年也能开花。紫薇、木槿、美国乔木绣球、日本紫珠、六道木等都属于这种类型。

 Q 从幼树要变成绿篱，有什么秘诀吗？

A 幼树的小枝叶很少，如果任其生长几年后再采取修剪措施，就不能达到我们所想要的树形。从形成成年树木之前的幼苗、幼树时期开始，就要确定枝条的走向，哪根枝条是作为生长留用的枝？伸长到什么程度？同时要对无用的枝条进行回缩修剪，使树形接近理想的树形状态，这是一项重要的工作。在要修剪成绿篱的情况下，要像下面图中一样修剪成密度较高的绿篱。

❶ 根据需要的高度进行低位平剪

苗木种植后，在想要的高度以下 30 厘米左右进行一次平剪，便会促进绿篱下的枝条萌发，形成枝叶茂密的绿篱形状。

❷ 对粗且长势强的枝条进行回缩修剪

在进行如 ❶ 工作的同时，对枝干粗、长势强的枝条要进行强修剪，使其从下部枝干上能够均等地萌发小枝，树和树之间枝叶相连，形成完美的绿篱形状。

Q 为什么枝叶的生长会有差异？

A 树木的生长，每个部位不是整齐划一的，各个部位的生长速度并不均等，每个地方都有生长的差别和不同点。例如，朝阳面和背阳面，两者之间生长的速度和枝叶量有很大的差异；树冠上部生长发育早、下部生长发育迟等，这和树木本身的习性和机能是有关系的。一般情况下，朝阳面的最上部位生长发育最早、生长速度最快、枝叶最茂密。

要观察了解庭院中种植树木的环境、朝向等，不一定采取统一的修剪方法，根据各位置的生长发育情况，综合考虑是进行回缩修剪？还是平剪？修剪强度是多少？就会相对减少枝叶生长上的差异。

Q 修剪下来的枝条怎样处理？

A 通常是根据各地方团体的枝条废弃物处理办法，切成规定长度进行捆扎作为可燃物进行焚烧处理，如果产生大量的枝条，有处理大量垃圾的收费场所（垃圾处理收费站），可以按照垃圾处理场所的规定进行处理。根据地区不同，有免费垃圾处理站，也有用专用粉碎机进行粉碎后，作为地面覆盖材料进行再利用的场所。

也有一些地区按照禁止焚烧条例进行处理。在不完全禁止焚烧的地区，可以进行部分焚烧处理，但基本原则是不能产生烟雾等给人们的生活造成不便或是产生火灾的危险。要用不产生问题和矛盾纠纷的方法，适当进行枝条废弃物的处理。

园艺术语

A

◆ 矮化种

是指和原来品种的树高相比，明显低矮的品种。矮化种有遗传的原因，也有矮化剂处理和嫁接等人为因素造成的。

◆ 矮树

又称为灌木，是普通树高在 3 米以下树木的总称，1 米以下树木又称为小灌木。

B

◆ 半常绿

因地域不同，有时常绿树种变成了落叶树，称为半常绿植物，这种树种便称为半常绿树种。

◆ 半光性

是指一天当中只有几个小时照射到阳光的场所，或是只有上午照射到阳光的场所，如位于建筑物东侧的场所。

◆ 半攀缘性

是指茎具有像藤蔓一样的伸长性的植物。

◆ 保护剂

是指涂在切口、嫁接口的覆盖保护剂，可以起到保护伤口、防止病虫害侵入、保存水分、促进愈合的作用。

C

◆ 侧芽

是指从叶基部、干或茎的中部生长出来的芽，也称胁芽或腋芽。

◆ 侧枝

是指从主干发出来的枝条。

◆ 缠枝

是指和其他的枝条缠绕在一起生长的枝条。因为容易造成树形混乱，所以交叉的部分最好进行修剪。

◆ 长枝

是指在树木中，节间很长、生长着叶子且较长的的枝条。通常伸长较长的枝条也称为长枝。

◆ 常绿树

是指一年中树叶长期保持绿色的树木，具有不落叶的特性，仅在秋季或是春季 2~3 叶龄的叶子会凋落。

◆ 雌雄异花

是指在一朵花上仅有雄蕊或是雌蕊的花，也称为单性花。与此相反，在一朵花上既有雌蕊也有雄蕊的花称为两性花。

◆ 雌雄异株

是指着生雄花的雄株和着生雌花的雌株是分别存在生长的植物。与此相对应的是雄花和雌花同时在一个植株上着生的称为雌雄同株。

◆ 雌株

是指雌雄异株的植物中仅开雌花的植株。

D

◆ 单季开花

是指每年在一定的时间段开一次花的植物，与此相反的是一年中开花多次的植物。如蔷薇等植物，原来是单季开花的植物，但经过品种改良后演变成一年四季开花的植物。

◆ 顶芽

是指在茎、枝及干的最前端形成的芽。

◆ 胴枝

是指在枝干部位中间长出的细长枝，也称为干枝。胴枝不能正常长成大枝，而且会争夺消耗树体的养分，影响树形的生长，所以应该从基部剪除。

◆ 短枝

是指树木中节间很短的枝条。

◆ 对生

是指叶或枝的着生方式，在每个枝节点上左右对称着生。

E

◆ 2 年生枝

是指经过越冬期后第 2 年木质化的枝条。春季开始生长的枝条称为当年生枝，上一年生长的枝条称为 2 年生枝，2 年生枝再生长 1 年称为 3 年生枝。

F

◆ 分蘖枝

指从砍伐的树木基部、根基部萌发的幼芽，又称为新枝、幼芽。分蘖枝是原树木不需要的枝条，所以要全部剪掉。

◆ 分枝

是指腋芽伸长生长造成的分枝。

◆ 复芽

在一处集聚了两个以上的芽称为复芽。

G

◆ 隔年结果

这里指的结果是果实形成的意思。果树当中有结果多的年份和不结果的年份，每年交替进行称为隔年结果，或叫大小年。结果多的枝条第 2 年产生的花芽分化少,便容易形成隔年结果,如柿子、梅子、柑橘等。

比,花芽大多为圆形膨大的芽。梅花、桃花、樱花等都是单纯的花芽。

冬季落叶的落叶阔叶树(枫树、四照花、红山紫茎等)和冬季不落叶的常绿阔叶树(茶花、山茶、小叶青冈等)。

◆ 隔年开花

开花的树木中一年开一次花是树木本身的特性,隔年开花的树种相对较少。

◆ 根基部

是指树木和土壤接触的部位,也称为植物的根基。

◆ 更新

剪除老枝、培育新枝的一种方法。将老枝干从地表处剪除,培养分蘖枝形成主干,重新形成新的植株,也称为"植株更新"。具有使老株复新的效果。

◆ 弓形制作

是指制作从中部的上方向下形成膨大的像曲线一样的弓形,适合缠绕性植物、绿篱等。

◆ 光泽叶

如山茶等植物,叶表面具有光泽、色泽光亮艳丽,被称为有光泽的叶子。

H

◆ 互生

是着生叶子的一种方式,指在枝条的左右两侧交互生长 1 片叶子。大多数植物都是互生叶。

◆ 花期

是指植物开花的时期,每种植物的开花时间是相对固定的。

◆ 花穗

是花序的一个种类,它和稻穗一样,在细长的花轴上着生一群小花形成花序。

◆ 花序

是指花的着生方式,有些花是在茎的前端生成,有的是在茎上着生集聚多朵花,许多朵花在枝茎上排列便称为花序。

◆ 花芽

是指生长过程中开花的芽。和叶芽相

◆ 花芽分化

植物在新芽生长过程中,有将来分化成叶或枝的叶芽,也有将来分化成花的花芽。芽形成花芽的叫作花芽分化,发生花芽分化的时期叫作花芽分化期,因植物不同花芽分化期也不一样。

◆ 花枝

是指开花的枝条或是着花的枝条。

◆ 回缩修剪

一种修剪方法,指的是在生长过长的枝或茎的中间进行修剪,是使枝条变短,保持树木的大小或使树木变矮时进行的修剪。可以说是促进腋分生枝条的一种修剪,也称为短剪。

◆ 混合芽

植物的芽分为着花的花芽和着叶的叶芽,芽中既有花芽又有叶芽的称为混合芽。如玫瑰、绣球、多花紫藤、猕猴桃等都是混合芽。

J

◆ 基本修剪方法

是指主干直立伸长,剪除下部的枝叶、保留顶部的枝叶形成球形或是伞形的构架,是一种造型用的基本修剪方法。

◆ 间拔

是指修剪混合杂乱的无用枝,扩大枝条间隔。为减少苗木数量而进行的扩大间隔也称为间拔。

◆ 交叉枝

又称为缠枝,与树干或是枝条相互缠绕交叉生长的枝条。

◆ 节间

是指茎或叶着生的地方。

K

◆ 阔叶树

是指叶子表面平整、宽阔的树木。有

L

◆ 两季开花型

是指植物一年当中具有春季和秋季两次开花的特性。

◆ 两性花

是指一朵花中雌蕊、雄蕊均有的花。

◆ 轮枝

是指从一处向四周生长出 3 个以上的分枝。它会影响树冠的通风、透光,造成树形的凌乱,所以要剪除 1 个或是全部剪除。

◆ 落叶树

是指通常 1 年之内会产生 1 次枯叶现象,一般是指在冬季落叶并处于休眠状态的树木。落叶树大多是阔叶树,日本松、水杉、银杏等部分针叶树也是落叶树。

M

◆ 萌芽

是指树木产生的新芽,但是种子发出的新芽也称为萌芽,和出芽、发芽是同样的意思。

◆ 苗木

是指种植在庭院或是盆栽的供观赏或园林造景用的树木,是指有栽植目的的小树苗。

◆ 抹芽

是指摘除无用的腋芽。减少分枝数、减少花芽数、增加开花时使用的一种操作手法。

N

◆ 内膛枝

是指从主干或是枝基部生长出来的、向内部伸长、软弱的枝条。它是引起树枝交叉的主要原因之一。

◆ 内向枝

与向外侧伸长的枝条相反，向内侧伸长的枝条称为内向枝，也称为逆向长。它常作为修剪的对象。

◆ 内芽

是指芽的前端在树干的内侧生长的芽。与此相反的是生长在树干外侧的芽，称为外芽。内芽生长力强会影响树形的长势，修剪时要从外芽的位置进行修剪，这是一个基本的修剪要点。

P

◆ 棚架

是指庭院中用的栅栏或架棚，有木制的也有铁制的，有格子状的也有拱形等各种各样的形状。

Q

◆ 强修剪

它不是为了整理树形，而是为了促进树木生长发育而进行的回缩枝、干，剪除枝、芽的一种修剪方法，也称为深修剪。强修剪要根据修剪的部位、修剪的时期、植物的类型等统筹考虑进行，这一点很重要。

◆ 乔木

是指树高在 3 米以上、作业时需要使用高空车或是梯子等工具、树高比较高的树木。

◆ 球形修剪

是修剪整理树冠的一种方法，将一株树修剪成球形或是倒球形称为球形修剪。杜鹃（映山红）、齿叶冬青等常进行球形修剪。与此相对应的是从主干伸出数根侧枝的顶端进行球形修剪，在主干的周围形成多个球形小树冠，称为散状球形修剪。

R

◆ 人工树形

是指通过整枝修剪、枝条弯曲等人为措施，对树木进行造型而形成的一种树形。

◆ 弱修剪

是指不影响树形的大小和树木的生长发育，仅在树枝前端进行的一种修剪方式，也称为浅修剪或轻修剪。

S

◆ 上枝

是指树木上部的枝条，又称为"突出枝"。

◆ 树高

是指树木的高度。直立树木从地面到树冠顶部的高度。

◆ 树冠

是指植物的地上部分、枝叶向左右伸长呈冠状覆盖的部分。

◆ 疏果

是指果树在果实很小时进行的摘果作业，是为了保证成品果的大小、限制成品果实的数量、减少树体营养消耗而采取的一项作业。

◆ 疏花

是指在开花前后进行的摘花作业，是为了限制果实的产量、减少植株的营养消耗而进行的一项作业。

◆ 疏蕾

是指摘除花蕾，减少开花的数量、减少植株的营养消耗，保证花和果实生长的一种作业。在植株很小的时候，为了保证植株的营养需要，要摘除所有的花蕾。

◆ 树篱

修剪并列栽植的树木形成树篱或围挡，具有隔离地界和遮挡视线的作用，适合于耐修剪的常绿树及枝条密集的落叶树（如日本吊钟花等）。

◆ 树心

是指植物芽的最前端或是主干、主枝最前端的部位。

◆ 树形

是指着生着树干、树枝的树木的整株树木的外部形状。

◆ 四季开花植物

只要在植物需要的最低温度以上，四季都能分化花芽、多次开花的植物称为四季开花植物。与此相反的是 1 年只有 1 次、在某一特定季节开花的植物，称为单季开花植物。

T

◆ 徒长枝

是指从树干或是粗枝上直接生长出的向上伸长的枝条。徒长枝会影响树形美观和花芽分化，应当剪除。

W

◆ 外芽

是指芽的前端向外侧生长的芽。芽生长成枝条时面向外侧伸长。与此相反，向内侧生长的芽称为内芽。

◆ 无用枝

按字面意思是没有作用的枝条。无用枝会造成树形混乱，影响通风、光照，从而妨碍树木的生长。

X

◆ 喜光树

是指树木在生长发育时，需要达到一定量的光照才能正常进行光合作用。与此相反的是光合作用需光量少的树木，称为耐阴树。

◆ 下垂枝

指枝条向下伸长的枝条，也称为垂下枝。

◆ 下枝

是指生长在树木下部位的枝条，又称为"下边枝"。

◆ 新梢

是指最新生长出来的枝条，有时也称为 1 年生枝、2 年生枝。

雄株

是指雌雄异株的植物中仅开雄花的植株。

Y

◆ 叶斑

是指叶细胞组织中的叶绿素全部或部分缺失而引起的斑点。斑点叶是绿叶中增加了一部分白色、黄色、红色的色素而形成的。

◆ 叶芽

是指新芽生长后产生叶或枝（茎）的芽。和花芽相比，叶芽较细小。

◆ 腋芽

是指从叶、茎基部萌发的芽，也称为侧芽。

◆ 腋枝

是指从主干、茎部横向生长的枝条。朝斜上方伸长的枝条很多，也有朝斜下方垂下的，它和侧枝是一样的。

◆ 阴性树种

是指像桃叶珊瑚、黄杨、罗汉柏等耐阴或半耐阴，光照少也能够正常生长发育的树种。与此相反的是喜欢阳光的阳性树种。

◆ 诱导

是指把植物的茎、藤等用支柱进行缠绕牵引朝某一方向伸长，形成完整且整齐的树木景观。

◆ 圆筒状修剪

用支柱或是竹竿做成圆筒形，使攀缘植物缠绕其上，形成粗圆形的植物造型。

◆ 园艺品种

是指通过特定的人工品种杂交生产出来的品种。另外，通过自然杂交形成的美观、具有较高的观赏价值的品种，也称为园艺品种。

Z

◆ 造型

是指把植物做成一定的造型的作业。是对常绿树进行整形修剪、用架子对常春藤等植物进行造型的作业。

◆ 摘残花

是指摘除开花结束后凋萎的残花。花后的残花会产生腐败、容易发生病害。开花期长的植物，残花中容易结籽消耗养分，使植株长势减弱，第 2 年的花芽分化变差，应当摘除。

◆ 针叶树

是指叶子像针一样细长的松、柏类裸子植物或球果类树木。

◆ 整形

是一种修剪方法。为了控制树高和整理树形，用修枝剪等进行整齐均匀的修剪，可以不考虑芽的生长方向进行修剪。球形或是圆锥形树形都是通过整形修剪而形成的人工树形。树种不同，有些树种耐整形，但有些树种不耐整形。

◆ 整枝

是指为了促进开花结果，进行顶端修剪（摘心）或是剪除无用枝的一种整形修剪方式。

◆ 枝变

是指有些植物由于基因突变，部分枝叶、果实、花等产生了与原种不一样的特性。有时也有叶变。

◆ 直立型

是树形的一种类型，具有枝条向上伸长的特性。除此之外，还有半直立型、横向扩张型、半横向伸长型等类型。

◆ 直立枝

枝有普通枝和横向生长的枝，向上伸长的枝称为直立枝。直立枝过多会影响树形，是修剪的对象之一。

◆ 株直立

是指从一根树干的根部产生多个分株、从地表产生多个直立的树干而形成的树形，称为株直立树形。

◆ 主干

是指木质化的茎、成为树木主要架构最粗大的部分。大乔木是从此处萌发出分枝。

◆ 主树

是指庭院中成为中心的主要庭院树木，也称为代表性庭院树木。

◆ 主枝

是指从主干直接分出的、构成树木骨架的粗枝条。从主枝上再分出来的枝条称为侧枝。

◆ 自然树形

树木根据其种类都有其正常的生长发育特性、形成特定的树形，称为自然树形。自然树形是没有人为修剪加工自然形成的树形。但种植在庭院中的树木，是按照自然树形的外观进行整形修剪而形成的景观树形。

Original Japanese title: HAJIMETE DEMO UTSUKUSHIKU SHIAGARU NIWAKI·HANAKI NO SENTEI

Copyright © 2020 Brizhead, Inc.

Original Japanese edition published by Seito-sha Co., Ltd.

Simplified Chinese translation rights arranged with Seito-sha Co., Ltd. through The English Agency (Japan) Ltd. and Shanghai To-Asia Culture Co., Ltd.

本书由株式会社西东社授权机械工业出版社在中国大陆地区（不包括香港、澳门特别行政区及台湾地区）出版与发行。未经许可之出口，视为违反著作权法，将受法律之制裁。

北京市版权局著作权合同登记　图字：01-2021-0628号。

摄影、取材协助：确实园园艺场

　　　　　　　　日比谷花坛大船Flower Center

　　　　　　　　佐田弘惠

插　　　图：矶村仁穗

摄　　　影：牛尾干太（Kanta OFFICE）、中居惠子、仓本由美

设　　　计：佐佐木容子（Karanoki设计制作室）

执笔协助：中居惠子、高桥正明

编辑协助：仓本由美（Brizhead, Inc.）

图书在版编目（CIP）数据

常见庭院花木修剪全图解/（日）川原田邦彦监修；巫建新，蒋泽平译. — 北京：机械工业出版社，2022.6
ISBN 978-7-111-70542-0

Ⅰ.①常…　Ⅱ.①川…　②巫…　③蒋…　Ⅲ.①庭院－花卉－修剪－图解　Ⅳ.①S68-64

中国版本图书馆CIP数据核字（2022）第059354号

机械工业出版社（北京市百万庄大街22号　邮政编码100037）
策划编辑：高　伟　周晓伟　　责任编辑：高　伟　周晓伟　刘　源
责任校对：薄萌钰　李　婷　　责任印制：张　博
保定市中画美凯印刷有限公司印刷

2022年7月第1版第1次印刷
169mm×230mm·13印张·2插页·226千字
标准书号：ISBN 978-7-111-70542-0
定价：88.00元

电话服务　　　　　　　　　　网络服务
客服电话：010-88361066　　机 工 官 网：www.cmpbook.com
　　　　　010-88379833　　机 工 官 博：weibo.com/cmp1952
　　　　　010-68326294　　金　书　网：www.golden-book.com
封底无防伪标均为盗版　　机工教育服务网：www.cmpedu.com